Aishwarya Rathod
Megha Jagtap
Sunil Kinge

Impactos da lavoura e dos resíduos de culturas no trigo em agricultura de conservação

Aishwarya Rathod
Megha Jagtap
Sunil Kinge

Impactos da lavoura e dos resíduos de culturas no trigo em agricultura de conservação

Perspectivas da agricultura sustentável

ScienciaScripts

Imprint
Any brand names and product names mentioned in this book are subject to trademark, brand or patent protection and are trademarks or registered trademarks of their respective holders. The use of brand names, product names, common names, trade names, product descriptions etc. even without a particular marking in this work is in no way to be construed to mean that such names may be regarded as unrestricted in respect of trademark and brand protection legislation and could thus be used by anyone.

Cover image: www.ingimage.com

This book is a translation from the original published under ISBN 978-620-8-06530-0.

Publisher:
Sciencia Scripts
is a trademark of
Dodo Books Indian Ocean Ltd. and OmniScriptum S.R.L publishing group

120 High Road, East Finchley, London, N2 9ED, United Kingdom
Str. Armeneasca 28/1, office 1, Chisinau MD-2012, Republic of Moldova, Europe
Printed at: see last page
ISBN: 978-620-8-18433-9

Conteúdo

CAPÍTULO -I

INTRODUÇÃO

O trigo (*Triticum aestivum* L.) é a cultura cerealífera mais importante a seguir ao arroz. A cultura pertence à família **Gramineae** (**Poaceae**) e à subfamília **Pooideae**, amplamente cultivada pela sua semente, um grão de cereal. O trigo é uma importante cultura de cereais semeada no inverno e é cultivada em diversas condições agroclimáticas entre 11° N - 35° N de latitude e 72° E - 92° E de longitude. Existem 50 espécies selvagens de trigo e, entre elas, três espécies principais são cultivadas na Índia, *nomeadamente* o trigo mole (*Triticum aestivum L.*), o trigo macarrão (*Triticum durum*) e o trigo Emmer (*Triticum dicoccum)*. A cultura do trigo cobre uma área máxima de terra do que qualquer outra cultura alimentar. Trata-se de um alimento básico para cerca de 2,5 mil milhões de pessoas, cerca de 36% da população mundial. Entre todos os cereais, é uma fonte rica de proteínas, minerais e vitaminas. Esta foi a única cultura responsável pela revolução verde e abriu caminho para a segurança alimentar na Índia. Na Índia, a produção total de cereais alimentares contribui com cerca de 25%. Em todo o mundo, o trigo fornece cerca de 55% dos hidratos de carbono e 20% das calorias alimentares consumidas globalmente (Breiman e Graur 1995) e contribui também de forma significativa para a alimentação animal como forragem. O trigo é rico em "niacina" e "tiamina" e contém a substância caraterística denominada "glúten", que contribui para a estrutura celular esponjosa do pão, do chapatti e de outros produtos de padaria (Chhidda Singh, 1989). Na Índia, *o Triticum aestivum L* contribui com mais de 95 por cento da área total. Enquanto que a área cultivada com *Triticum durum* e *Triticum dicoccum* é de apenas 4 por cento e 1 por cento, respetivamente.

A nível mundial, a cultura do trigo ocupa uma superfície de 227 milhões de hectares, com uma produção de 610 milhões de toneladas e uma produtividade média de 1,5 milhões de euros, sendo a área máxima cultivada na China, seguida da Índia. Em termos de produção, a China ocupa o primeiro lugar e a Índia o segundo. A área cultivada com trigo na Índia era de 9,7 milhões de hectares em 1950-51, tendo aumentado para 26,85 milhões de hectares em 2013-14. A Índia produz 95,91 milhões de toneladas numa área de 26,85 milhões de hectares, com uma produtividade de 2703 kg ha^{-1} , que é muito inferior à da maioria dos países produtores de trigo do mundo. Enquanto Maharashtra produz 16,69 lakh toneladas com uma produtividade de 1521 kg ha^{-1} (Anónimo, 2014).

Na Índia, o trigo é o alimento mais importante, a seguir ao arroz, tanto em termos de área como de produção, contribuindo com 12% da reserva mundial de trigo. Na Índia, em 201718, a área cultivada com trigo era de 309,60 hectares, com uma produção anual de 98,38 toneladas, com uma produtividade média de 31,72 q/ha. Maharashtra ocupa uma área de

12,72 Lakh hectare com uma produção de 22,14 Lakh toneladas e uma produtividade média de 17,40 q/ha. (Ministério da Agricultura, Nova Deli, Economics Times, Fourth Estimates 2017-18).

A produtividade do trigo depende da utilização de factores de produção adequados, de tecnologias de produção apropriadas e do incentivo a práticas de lavoura adequadas. A lavoura refere-se à perturbação física do solo. No sistema de lavoura, o solo é manipulado com ferramentas e implementos para criar um ambiente favorável ao solo para um melhor estabelecimento da cultura. A lavoura convencional refere-se à lavoura intensiva com passagens múltiplas do equipamento de lavoura para efetuar a preparação do terreno para a sementeira. As práticas convencionais de mobilização do solo conduzem a alterações na estrutura do solo, modificando a densidade aparente e o teor de humidade do solo. A lavoura convencional é muitas vezes útil para quebrar o tabuleiro do arado, melhorar a infiltração, adicionar aditivos orgânicos e químicos em solos de textura ligeira (Bartaula *et al.,* 2020). Uma vez que a mobilização regular e contínua do solo influencia fortemente as propriedades físicas, químicas e biológicas do solo. É necessário aplicar práticas de mobilização adequadas que evitem a degradação da estrutura do solo, mantenham o rendimento das culturas e a estabilidade do ecossistema. O sistema agrícola convencional promove a mobilização extensiva do solo, a queima de resíduos de culturas e a utilização de factores de produção externos. Estas práticas conduzem à degradação do solo através da perda de matéria orgânica, da erosão e da compactação do solo (Pradhan *et al.,* 2018*).* Isto faz com que os agricultores não obtenham rendimentos económicos, ou obtenham rendimentos extremamente baixos, empurrando-os para a armadilha perpétua da pobreza. É, portanto, essencial que o ambiente do solo seja corretamente manipulado para garantir um melhor crescimento das culturas e melhorar a eficiência da utilização dos recursos.

A Agricultura de Conservação mantém uma cobertura orgânica permanente ou semi-permanente do solo. Esta pode ser uma cultura em crescimento ou uma cobertura morta. A sua função é proteger fisicamente o solo do sol, da chuva e do vento e alimentar a biota do solo. Os microrganismos e a fauna do solo assumem a função de lavoura e de equilíbrio dos nutrientes do solo. A lavoura mecânica perturba este processo. Por conseguinte, a lavoura zero ou mínima e a sementeira direta são elementos importantes da AC. Uma rotação variada de culturas é também importante para evitar problemas de doenças e pragas (sítio Web da FAO).

A agricultura de conservação (AC) consiste numa série de sistemas de cultivo baseados numa combinação de três princípios principais: I) Perturbação mecânica mínima do solo, através da adoção de uma mobilização mínima ou de plantio direto e de um tráfego mínimo para as operações agrícolas. II) Cobertura orgânica permanente do solo, o que pode ser feito através da inclusão de culturas de cobertura e do espalhamento de material vegetativo morto, principalmente a partir de resíduos de culturas. O principal objetivo de fornecer cobertura do solo é manter uma camada protetora acima da superfície do solo. e III) Rotação de culturas através da adoção de sequência espacial e temporal de culturas ou rotações de culturas para obter o máximo de benefícios dos insumos e minimizar os impactos ambientais adversos (Ahngar, T. A. *et al.,* 2020). As tecnologias de AC oferecem oportunidades para reduzir o custo de produção, poupar água e nutrientes, aumentar os rendimentos, aumentar a diversificação das culturas, melhorar a utilização eficiente dos recursos e beneficiar o ambiente (Bhadu *et al.,* 2018). A adoção destas práticas permite a gestão do solo para a produção de culturas sem perturbar excessivamente o solo.

A lavoura zero ou sem lavoura refere-se à plantação de culturas no solo previamente não preparado, sem qualquer perturbação do solo, abrindo fendas e trincheiras estreitas com a menor largura e profundidade. É também conhecida como mobilização zero, sem mobilização ou plantação direta. A lavoura reduzida ou mínima diz respeito à redução do número total de operações de lavoura necessárias para a sementeira de uma determinada cultura. A mobilização zero consiste na manipulação do solo numa faixa estreita onde são colocadas as sementes. Todas estas práticas deixam pelo menos 30% de restolho no solo como cobertura vegetal ou adicionam-no ao solo como fonte de matéria orgânica (Khan *et al.,* 2017). A utilização de maquinaria é mínima e, por conseguinte, a energia pode ser armazenada através de um menor consumo de combustível. Este sistema envolve a mistura de muitas práticas agrícolas, incluindo a plantação, a gestão de resíduos, o controlo de ervas daninhas e pragas, a colheita e a rotação. A sementeira em sistema de plantio direto oferece os benefícios da retenção de resíduos superficiais e reduz as perdas de água no solo. Com a tecnologia de plantio direto, os agricultores podem colher rendimentos mais altos e o custo de produção é reduzido em até 10%, além de melhorar a condição do solo e seu estado de fertilidade (Ghosh *et al.,* 2010). Os canteiros elevados permanentes permitem a manutenção de uma cobertura permanente do solo no canteiro para uma maior captação e conservação da água da chuva. O rendimento do trigo com práticas de AC é igual ou mesmo melhor do que o obtido com práticas convencionais devido à plantação atempada de trigo com uma utilização eficiente dos recursos.

Os resíduos de culturas são a parte da planta deixada no campo depois de as culturas terem sido colhidas e debulhadas ou deixadas depois de o pasto ter sido pastoreado. A incorporação de resíduos de culturas no solo ou a sua retenção à superfície através da adaptação de práticas agrícolas de conservação tem uma influência positiva nas propriedades físicas, químicas e biológicas do solo. Estas práticas reduzem a densidade aparente e aumentam a condutividade hidráulica do solo, melhorando a sua estrutura. A retenção de resíduos de culturas na superfície do solo reduz o escoamento superficial e melhora a infiltração. Os resíduos de culturas retidos na superfície do solo conservam o solo e a água e aumentam o rendimento das culturas subsequentes. Os resíduos de culturas e a lavoura afectam direta ou indiretamente o ambiente do solo. A adoção de práticas adequadas de gestão dos resíduos das culturas conduz à melhoria da qualidade do solo e ao aumento da produção com o mínimo de efeitos adversos no ambiente.

No vertisol, a redução da compactação do solo é um grande desafio em condições de sequeiro. Em segundo lugar, a conservação de vários recursos está também a ganhar maior importância no contexto das alterações climáticas. Por conseguinte, práticas adequadas de lavoura e de gestão de resíduos de culturas podem melhorar o estado físico do solo, juntamente com a conservação dos recursos do solo, da água e dos nutrientes. A presente experiência, intitulada "Lavoura e gestão de resíduos de culturas no trigo (*Triticum aestivum* L.) sob agricultura de conservação", foi planeada para investigar o efeito da lavoura de conservação juntamente com a gestão de resíduos de culturas no trigo e foi realizada na quinta, Departamento de Agronomia, Faculdade de Agricultura, VNMKV, Parbhani, com os seguintes objectivos

1) Estudar o efeito da lavoura no crescimento e no rendimento do trigo.
2) Estudar o efeito da gestão dos resíduos de culturas no crescimento e no rendimento do trigo.
3) Estudar os aspectos económicos dos diferentes tratamentos.

CAPÍTULO -II

REVISÃO E LITERATURA

Neste capítulo, foi feita uma tentativa de resumir a revisão relativa à investigação intitulada "Lavoura e gestão de resíduos de culturas em trigo (*Triticum aestivum* L.) sob agricultura de conservação". A literatura relativa ao presente estudo foi brevemente apresentada sob os seguintes títulos.

2.1 Efeito das práticas de lavoura no crescimento e rendimento do trigo

2.1.1 Efeito das práticas de lavoura no crescimento do trigo

Kumar *et al.*, (2002) efectuaram uma experiência sobre a técnica de sementeira em cama na cultura do trigo na Universidade Agrícola de Haryana, Hisar. Os autores referiram que não houve efeito significativo da sementeira na germinação das sementes e no estande da cultura do trigo, mas os atributos de rendimento, principalmente o número de espigas m^{-1} comprimento e peso de 1000 grãos, foram significativamente mais elevados na cultura semeada com semeador de cama do que no sistema de mesa.

Gangwar *et al.*, (2004) realizaram uma experiência de campo durante 1998/99-2000/01 sobre o efeito da lavoura no crescimento da cultura, rendimento e utilização de nutrientes no trigo (*Triticum aestivum* L.) cultivado após diferentes métodos de sementeira de arroz (*Oryza sativa* L.). Observaram que a densidade máxima da raiz em termos de peso seco da raiz (7,50 Mg/20 cm de comprimento da linha) foi registada em CT e o peso seco mínimo da raiz (5,80 Mg/20 cm de comprimento da linha) foi obtido em ZT. A acumulação de matéria seca significativamente mais elevada (254 g/m linha) e o índice de área foliar do trigo (3,04) foram consistentemente registados sob sementeira direta de arroz. O que foi estatisticamente diferente do outro método de sementeira adotado na cultura de arroz anterior. O CT resultou numa matéria seca significativamente mais elevada (253 g/m linha) e no índice de área foliar do trigo (3,02) do que o RT e o ZT, respetivamente.

Kumar e Yadav (2005) estudaram o efeito da lavoura zero na produtividade do trigo após o arroz durante as estações de inverno de 1997-98 e 1998-99 em Faizabad, Uttar Pradesh. Verificaram que os valores mais elevados dos caracteres de crescimento, atributos de rendimento, rendimento e absorção de azoto pelo trigo na sementeira a lanço e os mais baixos na lavoura convencional. No entanto, cada sistema de lavoura variou significativamente para brotos/metro corrido (79,5 e 70,5), matéria seca/corrida (215,2 e 212,7 g), índice de área foliar (3,96 e 3,85) e altura da planta (89,4 e 76,6 cm) na colheita, pantnagar zero till drill estava em pantnagar com lavoura convecional.

AI-Issa e Samarah (2007) efectuaram uma experiência sobre a prática de lavoura na produção de trigo em condições de sequeiro em Jorden. Observaram que a altura da planta era significativamente mais alta nas parcelas lavradas com um arado de disco (72 cm), seguida pela parcela lavrada com um arado de cinzel (66 cm) e mais baixa (58 cm) para o plantio direto.

Chitale *et al.*, (2007) realizaram uma experiência de campo durante 2002-03 e 2003-04 no departamento de Agronomia, Indira Gandhi Krishi Vishwavidyalaya, Raipur, Chhattisgarh sobre o efeito da lavoura no sistema de cultivo de arroz (*Oryza sativa*) - trigo (*Triticum aestivum*). Eles concluíram que a lavoura convencional no trigo produziu um rendimento de grãos 19,1% maior do que a lavoura zero no sistema de cultivo de arroz (*Oryza sativa)* - *(Triticum aestivum)*.

Kebede e Bekelle (2008) efectuaram uma experiência de campo e observaram a eficácia da lavoura na drenagem do excesso de água no solo. Verificaram que a maior altura de planta, matéria seca, número de perfilhos por quadrante em BBF-100 cm do que BBF- 80 cm e drenagem tradicional.

Ram *et al,* (2010) estudaram a produtividade do sistema milho (*Zea mays*) - trigo (*Triticum aestivum*) sob diferentes práticas de lavoura e estabelecimento de culturas na PAU, Ludhiana, durante as estações *kharif* e *rabi* de 2003-04 e 20042005 em oito combinações de tratamento, tais como Lavoura convencional plana (CT) na *kharif* seguida de CT na *rabi* (CT/CT)], CT plana/sem lavoura (NT) (CT/NT), NT/NT, NT + cobertura de palha de trigo @ 5 t/ha (S)/NT (NT+S/NT), Camas frescas (FB)/CT plana (FB/CT), CT/FB, camas permanentes (PB)/camas permanentes (PB/PB) e PB+S/PB. Observaram que o tratamento NT+S/NT, sendo estatisticamente igual a CT/CT, CT/NT, NT/NT e FB/CT, registou significativamente mais perfilhos efectivos/m2 do que os tratamentos CT/FB, PB/PB e PB+S/PB. O número máximo de grãos/ano foi registado nos canteiros frescos (CT/FB), que foi estatisticamente igual aos tratamentos PB+S/PB e PB/PB, mas significativamente superior aos tratamentos CT/CT, CT/NT, NT/NT, FB/CT e NT+S/NT.

Singh *et al.*, (2011) realizaram uma investigação para estudar o efeito das práticas de lavoura e da gestão de resíduos na qualidade do solo e no rendimento das culturas sob o sistema de cultivo baseado no milho (Zea mays) em Mollisol na Universidade de Agricultura e Tecnologia Govind Ballabh Pant, Pantnagar, Uttarakhand, durante as estações das chuvas e do inverno de 2007-08 e 2008-09. Os autores referiram que a altura de planta mais elevada e o número de perfilhos efectivos/m^2 de trigo foram encontrados com cama fresca elevada (RFB) do que com CT, ZT e cama elevada permanente (PRB) durante ambas as estações.

Singh *et al.*, (2013) realizaram uma experiência com trigo (*Triticum aestivum* L.) sob feijão-frade (*Cajanus cajan* (L.) Millsp), numa sequência de cultivo de trigo na estação *Rabi* de 2010-11 e 2011-12, para avaliar o tempo de pré-irrigação, como antes e depois da colheita de feijão-frade e diferentes práticas de lavoura. Concluíram que os valores mais elevados de altura da planta (79,72 cm), perfilhos (5,59/planta), comprimento da espiga (7,94 cm), grãos/espiga (68,60) e peso de 1000 grãos (40,79 g) foram registados sob ZT seguido de CT e MT.

Kumar (2016) realizou uma experiência durante 2012-2013 e 20132014 para estudar o efeito de diferentes práticas de conservação de recursos no crescimento, rendimento e produtividade de diferentes sistemas de cultivo em Jammu. Observou que os atributos de crescimento da soja e do trigo, *nomeadamente* a altura da planta, o índice de aera foliar e a matéria seca com a aplicação de palha de arroz sob cobertura morta a 5 t/ha durante o rabi e o verão com 75% de FTR + 25% de N através de FYM, foram mais elevados nas práticas de lavoura convencional do que na lavoura mínima.

2.1.2 Efeito das práticas de lavoura no rendimento do trigo

Kumar *et al.* (2002) efectuaram um estudo sobre a técnica de sementeira em camas na cultura do trigo na CCS Haryana Agricultural University, Hisar. Observaram que os rendimentos de grão e palha foram ligeiramente superiores no sistema plano (36,42 q ha^{-1} e 63,82 q ha^{-1}) em comparação com a sementeira em camas (34,79 q ha^{-1} e 58,40 q ha^{-1}). Na sementeira em camas, verificou-se uma redução da população de ervas daninhas antes e depois do controlo químico.

Gangwar *et al.*, (2004) realizaram uma experiência de campo durante 1998/992000/01 sobre o efeito da lavoura no crescimento da cultura, rendimento e utilização de nutrientes no trigo (*Triticum aestivum* L.) cultivado após diferentes métodos de sementeira de arroz (*Oryza sativa* L.). Eles relataram que o maior rendimento médio de trigo (6,02 Mg ha^{-1}) foi obtido na semeadura direta de arroz, seguido por transplante mecânico e manual entre diferentes níveis de lavoura, CT registrado (5,90 Mg ha^{-1}) seguido por RT (5,82 Mg ha^{-1}) e ZT (5,40 Mg ha^{-1}). A redução de rendimento foi da ordem de 11,28 e 6,31% sob ZT e RT, respetivamente.

Ozpinar (2004) realizou uma experiência de campo durante 2001-2003 para avaliar o efeito da lavoura no desempenho do trigo de inverno na Estação de Investigação Agrícola de Dardonos da Universidade Onsekiz Mart, Canakkale, em solo argiloso. Ele relatou que o maior grão foi encontrado na lavoura reduzida com rototiller (RTR) foi 4611 kg/ha e o menor na lavoura reduzida com disco foi 4163 kg/ha.

Foi realizada uma experiência de 3 anos em condições de sequeiro para determinar a influência dos sistemas de lavoura convencional e de conservação no rendimento de grãos e nos componentes do rendimento de uma cultivar de trigo de inverno num solo argiloso (Vertic Calcixerepts) na região noroeste do Irão. Os autores relataram que os tratamentos de lavoura tiveram um efeito significativo no rendimento de grãos de trigo em 2 dos 3 anos. O rendimento médio de grãos em três estações foi de 1,0 Mg ha1 para CT, 1,3 Mg ha1 para RT, 1,1 Mg ha1 para MT, 1,2 Mg ha1 para NTss e 1,4 Mg ha1 para NTtr. Uma tendência semelhante foi observada para o rendimento de biomassa do trigo. Os rendimentos médios de grãos com RT e NTtr foram significativamente maiores (25-42%) do que os rendimentos de grãos usando o tratamento CT (Hemmat A. & Eskandari I. 2006).

Al-Issa e Samarah (2006) avaliaram o efeito da prática de lavoura na produção de trigo em condições de sequeiro, conduzindo uma experiência de campo durante 2004/2005 no Departamento de produção de culturas, Universidade de Ciência e Tecnologia de Jorden, em solo fino, montmorilonite, térmico e entic cromoterrestre. Eles observaram que o rendimento de grãos e palha do trigo foi significativamente maior em nenhuma lavoura (2280 kg ha^{-1}) do que a lavoura convectiva (1440 kg ha^{-1}).

Kebede e Bekelle (2008) realizaram uma experiência de campo para observar a eficácia da lavoura na drenagem do excesso de água do solo. Relataram que o BBF-100 cm, o BBF-80 cm e o sistema de drenagem tradicional aumentaram significativamente o rendimento de grãos de trigo em 51,4 %, 41,6 % e 11,2 % em comparação com o controlo, respetivamente.

Fuentes *et al.*, (2009) relataram que após 14 anos de prática contínua zero e convecional, o ZTM + r teve a melhor qualidade do solo e produziu os maiores rendimentos de trigo e milho de média (6683 e 7672 kg ha^{-1} e 5085 kg ha^{-1} , respetivamente). A remoção dos resíduos, ou seja, os tratamentos ZTM - r com o milho (1388 kg ha^{-1}) e ZTR - r e CTR - r com o trigo (3949 e 5121 kg ha^{-1}), deram os rendimentos mais baixos e caraterísticas físicas e químicas do solo menos favoráveis em comparação com as outras práticas. (monocultura de milho, lavoura convencional e remoção de resíduos).

Sharma *et al.*, (2010) realizaram uma experiência de campo durante 2001 a 2004 na Divisão de Agronomia, Instituto Indiano de Pesquisa Agrícola, Nova Deli, para estudar o efeito da lavoura, viz. lavoura convencional (CT) e lavoura mínima (MT). Eles relataram que a CT deu maior rendimento de grãos de trigo (2,48 t/ha) do que a MT (2,36 t/ha).

Singh *et al.*, (2011) realizaram uma experiência sobre o efeito dos métodos de lavoura nas propriedades do solo e na produtividade da proteína de qualidade do sistema milho (*Zea mays*)-trigo (*Triticum aestivum*) na Universidade de Agricultura e Tecnologia Govind Ballabh Pant, Pantnagar, Uttarakhand durante 2008-09 e 2009-10 para avaliar o rendimento das culturas, sob diferentes métodos de lavoura e descobriram que os sistemas de lavoura tinham uma influência significativa no rendimento dos grãos em ambas as estações. O maior rendimento de grãos foi observado na cama fresca elevada do que na CT, ZT com resíduo, zero sem resíduo e cama elevada permanente com resíduo durante ambas as estações.

Sharma *et al.*, (2011) realizaram uma investigação sobre o impacto da gestão da lavoura e da cobertura vegetal no desempenho das culturas na rotação milho-trigo num inceptisol sub-húmido de sequeiro, na Subestação de Investigação de Terras Secas da Índia, Dhiansar, Jammu. Observaram que o rendimento do trigo foi registado mais alto na lavoura mínima (MT) em comparação com o sistema de lavoura convectiva (CT) na rotação milho-trigo.

Mishra e Singh (2012) realizaram uma experiência no Directorate of Weed Science Research, Jabalpur, durante 2006-07 a 2008-09, para estudar o efeito de quatro sequências de lavoura: plantio direto de ambas as culturas (ZT-ZT), plantio convencional em ambas as culturas (CT-CT) e duas sequências de lavoura rotativa que alteraram entre o plantio direto e a lavoura convencional (ZT-CT e CT-ZT). Eles observaram que o plantio direto contínuo produziu maiores rendimentos de grãos de arroz e trigo do que o plantio convencional.

Karunakaran e Bahera (2013) realizaram uma experiência no Indian Agricultural Research Institute, Nova Deli, durante 2009-10 a 2010-11 no sistema soja-trigo para estimar o seu desempenho sob lavoura sequencial. A partir dos dados de produtividade, concluíram que a lavoura zero, plana ou em leito, na lavoura sequencial *kharif* para soja ou *rabi* para trigo, tem possibilidade de ser adotada com sucesso na sequência soja-trigo nas planícies indo-gangéticas da Índia.

Singh *et al.*, (2013) realizaram uma experiência de campo com trigo (*Triticum aestivum* L.) sob a sequência de culturas de trigo de feijão-frade (*Cajanus cajan* (L.) Millsp) na estação rabi de 2010-11 e 2011-12 para avaliar o tempo de pré-irrigação, como antes e depois da colheita de feijão-frade e diferentes práticas de lavoura. Eles relataram que, entre as práticas de lavoura, a semeadura de trigo por ZT foi maior em grãos (2,23 q/ha) e rendimento de palha (2,99 q/ha) em comparação com a lavoura convencional (CT) e a lavoura mínima (MT).

Sepat e Rana (2013) realizaram uma experiência de campo no Instituto Indiano de

Investigação Agrícola, Nova Deli, em solo franco-arenoso, entre 2010 e 2012, para estudar o efeito das técnicas de lavoura e de estabelecimento das culturas, bem como a gestão dos resíduos no sistema de cultura milho (*Zea mays* L.) - trigo (*Triticum aestivum* (L.) emend. Flori & Paol). Concluíram que o sistema de cultivo indicado zero till - cama sobrelevada com retenção de resíduos de culturas (ZT-B+R) e o sistema convencional de till - cama sobrelevada com incorporação de resíduos de culturas (CT-B+R) foram considerados comparáveis no que diz respeito ao rendimento e aos atributos de rendimento tanto no milho como no trigo. A CT-B+R registou um rendimento de grãos de milho e trigo 25,0 e 8,33% superior ao da ZT-B+R.

Sepat *et al.,* (2014) realizaram uma experiência no Instituto Indiano de Investigação Agrícola, Nova Deli, entre 2008-2009 e 2011-2012, num solo franco-arenoso, para estudar o efeito das práticas de mobilização do solo e de gestão de resíduos no sistema de cultivo de trigo e feijão-frade. Verificaram que as técnicas de lavoura e de estabelecimento da cultura influenciaram significativamente o rendimento do trigo e a produtividade do sistema. Sob lavoura zero (ZT), o rendimento médio do trigo foi 5,4 e 2,3 % superior ao rendimento do feijão-frade e do trigo, respetivamente, em relação à lavoura convencional.

Das *et al.,* (2014) realizaram uma investigação sobre o efeito da mobilização do solo e da cobertura morta de resíduos na produtividade do sistema de cultivo de toria de milho na região nordeste (NER) da Índia. Concluíram que a retenção de resíduos *in situ* da cultura de milho anterior, juntamente com a biomassa verde de *Ambrosia* sp. aplicada antes da sementeira de toria, manteve a humidade óptima do solo, o que resultou numa cobertura morta de resíduos com CT que proporcionou um maior rendimento de grãos da cultura de estação seca (toria) de 99 a 228%.

Ghosh *et al.,* (2015) estudaram o impacto da agricultura de conservação para a conservação do solo no sistema de cultivo milho-trigo durante junho de 2007-outubro de 2011 em Dehradun, Uttarakhand, na região indiana dos Himalaias. Observaram que a produtividade do sistema de milho-trigo CA foi aumentada. O rendimento médio equivalente ao trigo foi mais elevado no sistema CA com mobilização mínima em comparação com a mobilização convencional.

Saravanan & Jeyaraman (2015) realizaram experiências de campo durante 2011 e 2012 no Agricultural Engineering College and Research Institute, Kumulur, Tamil Nadu, para avaliar o efeito das práticas de lavoura, resíduos de culturas e irrigação suplementar por gotejamento em milho híbrido em condições de terra seca. Eles relataram que, as práticas de lavoura e resíduos de culturas deram uma melhoria significativa nos parâmetros de crescimento e atributos de rendimento. O maior rendimento de grãos de 6845 e 6789 kg ha⁻¹

em ambas as estações, respetivamente, foi obtido pelo cultivo mínimo com resíduos de culturas @ 10 t ha⁻¹ + irrigação suplementar por gotejamento dez vezes.

Saad *et al*., (2015) realizaram uma experiência de campo durante 2011-2012 e 2012-2013 em Nova Deli, para avaliar as práticas agrícolas de conservação sobre a produtividade das culturas, a rentabilidade e a eficiência da utilização dos recursos do sistema de cultivo milho-trigo-grama verde. Os tratamentos da parcela principal incluem lavoura convencional com plantação plana e elevada (CTF e CTB) e lavoura zero com plantação plana e elevada (ZTF e ZTB) foram complementados com quatro tratamentos de subparcelas, que são sem controlo de resíduos (CON), resíduos de trigo na cultura do milho (WR), resíduos de milho na cultura do trigo (MR) e resíduos de trigo + milho (WMR) nas culturas de milho e trigo. Eles observaram que a lavoura zero com aplicação de resíduos foi mais produtiva no sistema milho-trigo-grama verde.

Shivnath (2016) realizou uma experiência de campo para estudar o efeito da lavoura e da gestão de nutrientes na produtividade e rentabilidade do trigo durante a época de *Rabi* 2014-15 no "Vertisol" no planalto de Kymore e na zona agro-climática das colinas de Satpura de Madhya Pradesh. Relatou que os rendimentos significativamente mais elevados de grãos e palha, o índice de colheita foram registados sob lavoura convencional seguida de lavoura zero

Kumar *et al*., (2018) foi realizada uma experiência de campo durante as épocas de *kharif* de 2016-17 e 2017-18 na quinta de investigação do ICAR-Indian Agricultural Research Institute, Nova Deli, num solo de textura franco-argilosa arenosa com densidade aparente (1,52 Mg/m3) para avaliar o efeito das práticas de gestão da lavoura, dos resíduos e do fósforo no crescimento, nos atributos de rendimento, no rendimento e na economia do milho (*Zea mays* L.). A experiência incluiu 15 combinações de tratamentos dispostos num esquema de parcelas divididas com três repetições. Os tratamentos da parcela principal incluíram três práticas de lavoura diferentes, ou seja, CT-R (Lavoura convencional sem resíduo), ZT-R (Lavoura zero sem resíduo), ZT+R (Lavoura zero com resíduo @ 2,5 t/ha para milho e trigo). Eles observaram que entre as práticas de preparo do solo, ZT+R encontrou um efeito significativo no crescimento e nos atributos de rendimento do milho em comparação com CT-R durante ambos os anos de experiência.

Prabhamani *et al.,* (2018) realizaram uma experiência durante as épocas kharif e rabi durante quatro anos na Estação Principal de Investigação Agrícola, Dharwad, para avaliar diferentes práticas de lavoura de conservação e de gestão de nutrientes no rendimento das culturas em três sistemas de cultivo. O relatório relatou que, significativamente maior produtividade do sistema foi observada sem lavoura com BBF e resíduos de culturas retidos na superfície, seguido por nenhuma lavoura com cama plana e resíduos de culturas retidos na superfície em comparação com a lavoura convencional sem resíduos de culturas.

Adimassu *et al.*, (2019) realizaram uma experiência de campo para avaliar o efeito da lavoura e da gestão de resíduos de culturas no escoamento, perda de solo e rendimento de trigo (*Triticum aestivum* L.) ao longo de três anos durante o ano 2009-2011 na quinta experimental do Centro de Investigação Agrícola de Holeta. Verificaram que os rendimentos médios mais elevados de grãos ($2tha^{-1}$) e biomassa (6tha "1) de trigo foram registados na lavoura convencional com 21 ha^{-1} yr^{-1} resíduos de culturas (T2C2) do que os rendimentos de grãos e biomassa foram registados na lavoura zero com 21 ha^{-1} yr^{-1} resíduos de culturas (T0C2) e lavoura zero sem resíduos de culturas (T0C0).

Singh *et al,* (2020) realizaram um estudo de campo de três anos para avaliar a influência das técnicas de estabelecimento da cultura do trigo (*Triticum aestivum*), incluindo a lavoura convencional (CT), a lavoura mínima (MT), a lavoura zero (ZT) e o sulco de leito largo (BBF) após a colheita das culturas da estação das chuvas (*kharif*) de arroz (*Oryza sativa*), ervilha-de-angola (*Cajanus cajan*), painço (*Pennisetum glaucam*) e feijão de cacho (*Cyamopsis tetragonoloba*). Os autores referiram que os caracteres que atribuem rendimento e o rendimento de grãos do trigo foram significativamente mais elevados em BBF, seguidos de ZT, CT = MT.

2.1.3 Efeito de várias práticas de mobilização nas propriedades físicas do solo

Ram *et al.*, (2010) concluíram que a densidade aparente do solo registada em NT/NT (1,50 g/cm3) foi significativamente superior aos tratamentos CT/CT, FB/CT, CT/FB, PB/PB e PB+S/PB.

Wang *et al.* (2003) realizaram experiências de mobilização do solo para o trigo de inverno nas terras agrícolas em declive em Luoyang, província de Henan, nas zonas semi-húmidas a áridas do planalto de loess do Norte da China. Diferentes métodos de lavoura, incluindo lavoura reduzida (RT), plantio direto (NT), 2 culturas/ano (2C), subsolagem (SS) e lavoura convencional (CT). Concluíram que o plantio direto (NT) e a subsolagem (SS) tiveram bons efeitos na conservação da água. O armazenamento de água no solo aumentou 12-33 mm com o plantio direto (NT) e 924 mm com a subsolagem (SS) no final dos períodos de pousio de verão. Os tratamentos com mobilização reduzida (RT) e 2 culturas/ano (2C) tiveram baixo armazenamento de água e elevadas perdas de água durante os períodos de pousio.

Gangwar *et al.*, (2004) realizaram uma experiência durante 1998/992000/01 sobre o efeito da lavoura no crescimento da cultura, rendimento e utilização de nutrientes no trigo (*Triticum aestivum* L.) cultivado após diferentes métodos de sementeira de arroz (*Oryza sativa* L.). Eles observaram que a menor densidade aparente foi encontrada na lavoura convectiva e a lavoura zero registrou a maior densidade aparente seguida pela lavoura reduzida.

Hu *et al.*, (2007) uma experiência de quatro anos conduzida na Estação Experimental de Agricultura e Ecologia de Luancheng, Academia Chinesa de Ciências, no Condado de Luancheng, Província de Hebei, China, em solo argiloso para estudar os efeitos da lavoura de conservação nas caraterísticas agregadas do solo. Os solos foram amostrados em parcelas de plantio direto (NT), plantio rotativo (RT) e plantio convencional (plantio de aiveca, CT). Observaram que o plantio direto aumentou significativamente a densidade aparente da parte superior do solo (0-5 cm), enquanto o plantio direto reduzido manteve uma densidade aparente menor que a convencional.

Assim, a ausência de lavoura aumentou notavelmente a densidade aparente do solo superficial, o que indica que a compactação do solo sob ausência de lavoura foi aumentada após 4 anos.

Singh *et al.,* (2011) relataram que o conteúdo de C orgânico no solo aumentou 8,4 e 12,3% na ZT, seguido por 5,6 e 9,4% no PRB sobre CT em milho e trigo, respetivamente. A densidade aparente foi mais elevada na ZT.

Singh *et al.*, (2013) realizaram uma experiência sobre o trigo (*Triticum aestivum* L.) sob a sequência de cultivo de trigo de feijão-frade (*Cajanus cajan* (L.) Millsp) na estação rabi durante os anos 2010-11 e 2011-12 sobre o efeito de diferentes práticas de lavoura na sequência de cultivo de trigo. Os resultados da experiência mostraram que a maior densidade aparente foi registada na lavoura zero, seguida da lavoura mínima e a menor na lavoura convectiva.

Singh *et al.,* (2018) Foi efectuada uma experiência de campo na quinta de investigação da Estação de Investigação Agrícola Zonal R.V.S. Krishi Vishwa Vidyalaya, Morena, Madhya Pradesh. Observaram que a densidade aparente das camadas superficiais (0-15 cm) era significativamente mais baixa com o BBF do que com o CT, MT e ZT.

2.2 Efeito das práticas de gestão dos resíduos de culturas no crescimento e rendimento do trigo

2.2.1 Efeito das práticas de gestão dos resíduos de culturas no crescimento do trigo

Khurshid *et al.*, (2006) efectuaram uma experiência de campo para estudar o efeito de diferentes sistemas de lavoura e níveis de cobertura morta nas propriedades físicas do solo e no crescimento do milho, no Instituto de Investigação de Ciências do Solo e do Ambiente, Universidade de Agricultura, Faisalabad. Eles relataram que a cobertura morta afetou significativamente as propriedades físicas do solo e o crescimento do milho e descobriram que a altura máxima da planta (217,67 cm) e a matéria seca total (27,18 Mg ha^{-1}) do milho na cobertura morta aplicada a 12 Mg ha^{-1} do que o resto dos tratamentos.

Jat *et al.,* (2010) realizaram uma experiência de dois anos, entre 2006 e 2008, na Divisão de

Agronomia, Instituto Indiano de Investigação Agrícola, Nova Deli, num sistema de cultivo de milho (*Zea mays* L.)-trigo (*Triticum aestivum*) para avaliar a influência de quatro fontes orgânicas (controlo, adubo verde de Sesbania (SGM), palha de trigo; e a combinação de SGM e palha de trigo) no milho. Observaram que a aplicação de SGM juntamente com palha de trigo resultou numa altura de planta significativamente mais elevada, acumulação de matéria seca, índice de área foliar, atributos de rendimento, rendimento seguido de SGM sem palha de trigo.

Khalid *et al.*, (2014) estudaram a lavoura zero com retenção de resíduos Sistema Arroz-Trigo no Departamento de Agronomia, Faculdade de Agricultura, Universidade de Gomal. Eles concluíram que os valores médios para lavoura revelaram que o ZTsr produziu o maior número de espigas m"^{2} , grãos/espiga, peso de 1000 grãos entre os métodos de lavoura.

Foi efectuada uma experiência de campo durante o inverno de 2009-2011 em Varanasi, para avaliar o efeito das práticas de gestão de resíduos de arroz (*Oryza sativa* L.) no trigo. Revelaram que a cobertura morta do resíduo de arroz na planta de trigo, a altura da planta (cm) e a acumulação de matéria seca da planta (g/m) registaram os valores mais elevados na cobertura morta do resíduo de arroz, 74,3 cm e 365 g/m, respetivamente, em comparação com o resíduo de arroz incorporado (73,6 e 363,5 g/m linha) e o resíduo de arroz retido (70,5 cm e 351,5 g/m) linha durante o ano (Meena e Singh, 2013).

Din *et al.*, (2013) realizaram uma experiência de campo na quinta de investigação da Universidade de Agricultura de Peshawa, durante o verão de 2012, para verificar o impacto de diferentes práticas de lavoura e de cobertura vegetal no milho. Verificaram que a altura máxima da planta (197,34 cm) e os grãos de espiga-1 (344,75) foram registados em tratamentos de cobertura morta de trigo com lavoura de tábua de molde seguida de rotavator.

Dhar *et al.*, (2014) realizaram uma experiência durante a estação rabi de 2008-09 na quinta de investigação do Allahabad Agricultural Institute-Deemed University, Uttar Pradesh, sobre o efeito residual dos resíduos de culturas no crescimento, nos atributos de rendimento e nas propriedades do solo do trigo no sistema de cultivo arroz-trigo. Revelaram que a aplicação de palha (5 t ha^{-1}) + adubo verde (5 t ha^{-1}) registou a altura de planta mais elevada, o número de perfilhos m^{-2} e o peso seco da planta (g) em trigo do que o resto do tratamento.

Kumar e Singh (2018) estudaram o desempenho do trigo de plantio direto (*Triticum aestivum* L.) com técnicas de gestão de resíduos e ervas daninhas no sistema de cultivo de trigo-arroz na Fazenda de Pesquisa Agrícola, Instituto de Ciências Agrícolas, Universidade Banaras Hindu, Varanasi durante o ano de 2005-06 e 2006-07 em solo argilo-arenoso. Concluíram que as plantas mais altas com o máximo de perfilhos, cabeça de espiga m^{-2} foram encontradas sob a retenção de resíduos com aplicação de *Trichoderma* e seguidas apenas pela retenção de resíduos.

2.2.2 Efeito das práticas de gestão dos resíduos de culturas no rendimento do trigo

Sharma *et al.*, (2000) estudaram o rendimento da cultura e as propriedades do inceptisol como influenciadas pela gestão de resíduos na sequência de cultivo arroz-trigo. Relataram que a lavoura convectiva registou o maior crescimento e rendimento, sendo estatisticamente superior à lavoura mínima - remoção de bolhas e todos os tratamentos de lavoura zero e registaram o efeito residual do adubo verde que aumentou significativamente a contagem de germinação (panículas m^{-2}) e o peso de 100 grãos, o rendimento de grãos e palha em relação ao adubo de quintal e ao controlo.

Mandal *et al.*, (2004) estudaram a gestão dos resíduos de arroz no sistema de cultivo arroz-trigo na Divisão de Física do Solo, Instituto Indiano de Ciência do Solo (ICAR), Nabibagh, Bhopal. Os resultados mostraram que a incorporação de palha de cobertura vegetal com FYM registou um rendimento mais elevado do que a remoção dos resíduos.

Khurshid *et al.*, (2006) realizaram uma experiência de campo para estudar o efeito de diferentes sistemas de lavoura e níveis de cobertura morta nas propriedades físicas do solo e no crescimento do milho, no Instituto de Investigação de Ciências do Solo e do Ambiente, Universidade de Agricultura, Faisalabad. Relataram que a cobertura vegetal afectou significativamente as propriedades físicas do solo e o crescimento do milho e concluíram que o conteúdo de humidade do solo (18,43%), o número de espigas por planta (1,06), o número de grãos por espiga (610,55) e o peso de 1000 grãos (398,68 g) do milho registaram os valores mais elevados na cobertura vegetal aplicada a 12 Mg ha $.^{-1}$

Singh e Yadav *et al.*, (2006) realizaram uma experiência de campo durante o inverno (*rabi*) de 2001-02 e 2002-03 para descobrir o efeito do resíduo de arroz (Oryza sativa L.) no desempenho do trigo (Triticum aestivum) no sistema de cultivo arroz-trigo no Departamento de Agronomia, N.D. University of Agriculture and Technology, Faizabad, Uttar Pradesh. Observaram que o rendimento médio mais elevado de grãos de 33,6 q/ha foi registado com a incorporação de resíduos do que com a remoção e retenção de resíduos.

Rajkhowa e Borah (2008) realizaram a experiência na quinta de investigação da Universidade de Jorhat durante 2004-05 e 2005-06 em solo ácido para descobrir o efeito da gestão da palha de arroz no crescimento e rendimento do trigo como componente da gestão integrada de nutrientes. Concluíram que a incorporação de palha de arroz aumentou significativamente os rendimentos de grãos e palha de trigo em comparação com a remoção da palha.

Khankhane *et al.*, (2009) estudaram o efeito das práticas de gestão dos resíduos de arroz na produtividade do trigo, durante o ano de 2003-06, na Direção de Investigação Científica de Ervas Daninhas, Maharajpur, Jabalpur, num solo muito fino, montmorilonítico e hipertérmico do tipo Chromustert. Os resultados revelaram que as práticas de gestão dos resíduos não tiveram um efeito significativo no rendimento do trigo no primeiro ano. No entanto, nos anos seguintes, verificou-se um efeito significativo das práticas de gestão dos resíduos no rendimento do trigo. Tanto em 2004 como em 2005, o maior rendimento de trigo foi registado nas parcelas de incorporação de resíduos (5916 e 4550 kg/ha). Os tratamentos de queima de resíduos (4819 e 4150 kg/ha) e de remoção de resíduos (5297 e 3800 kg/ha) foram considerados iguais em termos de rendimento do trigo.

Ram *et al,* (2010) estudaram a produtividade do sistema milho (*Zea mays*) - trigo (*Triticum aestivum*) sob diferentes práticas de lavoura e estabelecimento de culturas na PAU, Ludhiana, durante as estações *kharif* e *rabi* de 2003-04 e 20042005 em oito combinações de tratamento, tais como Lavoura convencional plana (CT) na *kharif* seguida de CT na *rabi* (CT/CT)], CT plana/sem lavoura (NT) (CT/NT), NT/NT, NT + cobertura morta de palha de trigo @ 5 t/ha (S)/NT (NT+S/NT), Camas frescas (FB)/CT plana (FB/CT), CT/FB, camas permanentes (PB)/camas permanentes (PB/PB) e PB+S/PB. Observaram que a cobertura morta com palha em PB+S/PB ou NT+S/NT aumenta a produtividade do milho-trigo em comparação com as outras.

Pradhan *et al,* (2011), uma experiência de campo realizada durante o *kharif* 2007 com ervilha-de-angola (*Cajanus cajan,* var. P 992), amendoim (*Arachis hypogaea,* var. TAG 24), milho (*Zea mays*, var. PEMH 2), soja (*Glycine max,* var. D 9814) e algodão (*Gossypium hirsutum*, var. SCH 22) sistemas de cultivo à base de trigo sob diferentes práticas de lavoura e gestão de resíduos de culturas (TCRM) foi iniciado no *kharif-2004* no IARI, Nova Deli. As parcelas principais e os tratamentos das subparcelas foram lavoura zero com resíduo (ZT+R), lavoura zero sem resíduo (ZT-R), lavoura convencional com resíduo (CT+R) e lavoura convencional sem resíduo (CT-R). Os resíduos de diferentes culturas *de kharif* foram aplicados a 2 toneladas/ha antes da semeadura do trigo e o resíduo de trigo a 3 toneladas/ha foi aplicado antes da semeadura das culturas *de kharif* nos respectivos campos. Concluíram que o rendimento máximo de grãos de milho (2,72 toneladas/ha), feijão-de-pombo (1,31 toneladas/ha), soja (1,15 toneladas/ha) e amendoim (1,34 toneladas/ha) foi observado no tratamento CT+R. Os rendimentos médios mais baixos de grãos (1,26 toneladas/ha) das culturas foram obtidos no ZT-R e a lavoura convencional com resíduos (CT+R) foi estatisticamente igual à lavoura zero com resíduos (ZT+R).

Mohmmed *et al.,* (2012) realizaram uma experiência para estudar o efeito da lavoura e dos resíduos no trigo durante 200409 na Livestock Research Station, Surezai, em solo franco-argiloso. observaram que o rendimento em grão e palha aumentou significativamente no tratamento com retenção de resíduos, tanto no tratamento com lavoura como no tratamento sem lavoura. O efeito dos resíduos no rendimento de grãos e palha dependia fortemente da lavoura. Concluíram que o rendimento de grãos foi significativamente mais elevado no tratamento com retenção de resíduos sob plantio direto em comparação com o tratamento com plantio direto. Em média, o tratamento com retenção de resíduos produziu mais 330 kg ha de grãos de trigo do que o tratamento com remoção de resíduos. No entanto, o tratamento de plantio direto - retenção de resíduos produziu 520 kg/ha a mais de rendimento de grãos do que quando o resíduo foi removido.

Din *et al.,* (2013) realizaram uma experiência de campo na quinta de investigação da Universidade de Agricultura de Peshawar, durante o verão de 2012, para estudar o impacto de diferentes práticas de lavoura e de cobertura vegetal nos componentes do rendimento do milho. Verificaram que o peso máximo de mil grãos (146,27 g) e o rendimento de grãos (2252,9 kg ha-1) foram observados em parcelas praticadas com cobertura morta de palha de trigo e seguidas por rotavator.

Meena e Singh (2013) realizaram uma experiência de campo durante as estações de inverno de 2009-11 no Departamento de Agronomia, Instituto de Ciências Agrícolas, Varanasi, para avaliar o efeito das práticas de gestão de resíduos de arroz (*Oryza sativa* L.) no trigo. Concluíram que o rendimento máximo no tratamento com cobertura morta de resíduos de arroz (4,4-6,5 t/ha) resultou num rendimento de grãos e palha significativamente mais elevado do que nos tratamentos com incorporação de resíduos de arroz (4,0 e 6,1 t/ha) e retenção de resíduos (3,5 e 5,7 t/ha).

Karunakaran e Behera (2013) realizaram uma experiência de campo durante 2009-10 a 2010-11 sobre as relações energéticas e a eficiência do uso da água de irrigação (IWUE) envolvendo lavoura sequencial em trigo-soja no Instituto Indiano de Pesquisa Agrícola, Nova Deli. Eles relataram que a lavoura sequencial obteve um rendimento significativamente maior de trigo 4,71 t/ha no tratamento de trigo + resíduo de soja, no entanto, o rendimento mais baixo foi obtido com nenhum resíduo (4,23 t/ha).

Foi realizada uma experiência de campo no Indian Agricultural Research Institute, em Nova Deli, num solo franco-arenoso, entre 2010 e 2012, para estudar o efeito das técnicas de lavoura e de estabelecimento das culturas, bem como a gestão dos resíduos no sistema de cultura milho (*Zea mays* L.) - trigo (*Triticum aestivum* (L.) emend. Flori & Paol). Os resultados mostraram que as camas permanentes com retenção de resíduos (FB+R) foram consideradas comparáveis no que diz respeito ao rendimento e aos atributos de rendimento tanto no milho como no trigo. A FB+ R registou 25,0 e 8,3% de atributos de rendimento de grãos mais elevados tanto no milho como no trigo, respetivamente, em comparação com a lavoura convencional plana (CT+ F) (Sepat *et al.,* 2013).

Sepat *et al.*, (2014) realizaram uma experiência no Instituto de Investigação Agrícola Indiano, Nova Deli, entre 2008-2009 e 2011-2012, num solo franco-arenoso, para estudar o efeito das práticas de gestão da lavoura e dos resíduos no sistema de cultivo de ervilha-de-angola-trigo. Observaram que a aplicação de resíduos de culturas a 3 t/ha proporcionou um rendimento de grãos de ervilha-de-angola e de trigo 14,3 e 34,4 % superior, respetivamente, ao de nenhum resíduo.

Dhar *et al.*, (2014) realizaram uma experiência durante a estação *rabi* de 2008-09 na quinta de investigação do Allahabad Agricultural Institute-Deemed University, Uttar Pradesh, sobre o efeito residual dos resíduos de culturas no crescimento, nos atributos de rendimento e nas propriedades do solo do trigo no sistema de cultivo arroz-trigo. Concluíram que a aplicação de palha (5 t ha^{-1}) + adubo verde (5 t ha^{-1}) registou o maior número de cabeças de espiga m^{-2} comprimento do grão (cm), peso de teste (g), rendimento do grão (kg) e rendimento da palha (kg) de trigo do que o resto do tratamento.

Khalid *et al.*, (2014) estudaram a lavoura zero com retenção de resíduos do sistema arroz-trigo no Departamento de Agronomia, Faculdade de Agricultura, Universidade de Gomal. Verificaram que a produção de grãos era maior nos métodos de lavoura com palha retida/incorporada do que nos métodos de lavoura com palha queimada.

Negi *et al.*, (2016) estudaram o efeito da lavoura e da gestão de resíduos de milho (*Zea mays* L.) -Based Cropping Systems in North-West Himalayas, no Departamento de Agronomia, Forragens e Gestão de Pastagens, Palampur. Concluem que a aplicação de cobertura morta aumentou significativamente o rendimento da cultura em comparação com a ausência de cobertura morta.

Ronanki *et al.*, (2018) estudaram o efeito das práticas de agricultura de conservação e gestão do azoto no crescimento, índices fisiológicos, rendimento e absorção de nutrientes da soja no IARI, Nova Deli. Eles concluíram que o ZT + SWR (resíduo de trigo de soja) resultou em 14% e 11% maior rendimento de grãos e 22% e 21% maior rentabilidade do que ZT-R (lavoura zero sem resíduo) e CT-R (lavoura convencional sem resíduo).

Kumar e Singh (2018) estudaram o desempenho do trigo de plantio direto (*Triticum aestivum* L.) com técnicas de gestão de resíduos e ervas daninhas no sistema de cultivo de trigo-arroz na Fazenda de Pesquisa Agrícola, Instituto de Ciências Agrícolas, Universidade Banaras Hindu, Varanasi, durante os anos de 2005-06 e 2006-07 em solo franco-argiloso arenoso. Observaram que o peso de 1000 grãos, o rendimento do grão e da palha eram mais elevados na retenção de resíduos com aplicação de *Trichoderma*, seguida de perto pela retenção de resíduos apenas.

Adimassu *et al.*, (2019) realizaram uma experiência em Eutric Nitisols do Centro de

Investigação Agrícola de Holeta (HARC) nas terras altas húmidas da Etiópia para avaliar o efeito da gestão da lavoura e dos resíduos de culturas no escoamento superficial, perda de solo e rendimento do trigo (*Triticum aestivum* L.) durante três anos (2009-2011). Foram utilizados nove tratamentos combinando três práticas de lavoura (zero (T_1), mínima (T_2) e lavoura convencional (T_3) e três taxas de resíduos de culturas (0, 1 e 2 t ha^{-1} yr^{-1}). Os resultados do efeito da lavoura e da gestão de resíduos de culturas mostraram que, os maiores rendimentos de grãos (2 t ha^{-1}) e biomassa (6 t ha^{-1}) de trigo foram registados na lavoura convencional com 2 t ha yr^{-1} $^{-1}$ resíduos de culturas (T_2 C_2), enquanto os menores rendimentos de grãos e biomassa foram registados em (T0 C_0).

2.2.3 Efeito das práticas de gestão dos resíduos de culturas nas propriedades físicas do solo

Sharma (2000) realizou uma experiência de campo entre 1990-91 e 1995-96 num inceptisol para estudar o rendimento das culturas e as propriedades do inceptisol influenciadas pela gestão dos resíduos na sequência da cultura arroz-trigo. Verificou que houve uma redução significativa da densidade aparente, com uma melhoria significativa da capacidade de retenção de água, da capacidade de troca catiónica, do teor de N, P e S disponíveis no solo com a adição de resíduos de culturas e de farinha de trigo.

Su *et al*., (2007) realizaram uma experiência no Planalto de Loess, na aldeia de Songzhuang, condado de Mengjin, cidade de Luoyang, província de Henan, China, num solo franco-claro, para avaliar os efeitos das práticas de lavoura de conservação na eficiência da utilização da água do trigo de inverno e no rendimento da cultura. Os tratamentos de lavoura foram a lavoura reduzida (RT), a não lavoura com cobertura morta (NT), a lavoura do subsolo com cobertura morta (ST) e a lavoura convencional (CT). Eles concluíram que a quantidade de armazenamento de água no solo usando ZT foi 25% maior do que CT durante um estudo de seis anos, enquanto a WUE foi significativamente maior em ZT do que CT e RT.

Sepat *et al.,* (2013) realizaram uma experiência de campo no Instituto Indiano de Investigação Agrícola, Nova Deli, num solo franco-arenoso, entre 2010 e 2012, para estudar o efeito das técnicas de lavoura e de estabelecimento das culturas, bem como a gestão dos resíduos no sistema de cultura milho (*Zea mays* L.) - trigo (*Triticum aestivum* (L.) emend. Flori & Paol). Verificaram que, entre todas as práticas de mobilização do solo, o zero till-flat com retenção de resíduos (ZT+F+R) registou a maior densidade aparente na superfície superior do solo do que as outras.

Kahlon (2014) afirmou que as práticas de lavoura influenciam significativamente as caraterísticas físicas do solo e a produtividade das culturas. A densidade aparente e a porosidade foram medidas sob plantio direto sem resíduo (NT), plantio direto (RT) e plantio direto com resíduo, ou seja, semeadora feliz (HS) no sistema de cultivo arroz-trigo em solos franco-arenosos (SL) e franco-arenosos (LS). Eles observaram que, no caso da camada superficial do solo (0-15 cm), a maior densidade aparente do solo (Mg m^{-3}) foi registrada no plantio direto com resíduo, ou seja, semeadora feliz (HS) (1,58), seguida pelo plantio direto (RT) (1,56) e plantio direto sem resíduo (NT) (1,55) em solo de areia argilosa.

Yeboah *et al.,* (2017) estudaram o efeito da lavoura convencional com palha removida (T), sem lavoura com palha removida (NT), sem lavoura com palha retida na superfície do solo (NTS) e lavoura convencional com palha incorporada (TS) na humidade do solo. Os resultados da investigação mostraram que a NTS e, em menor grau, a TS diminuíram a densidade aparente do solo na profundidade de 0-10 cm do solo em cerca de 3,35% e 2,75% em comparação com a T e a NT em parcelas de trigo de primavera e ervilha de campo, respetivamente. A ausência de mobilização do solo com retenção de palha (NTS) teve um maior teor de humidade do solo (0-30 cm) em comparação com os tratamentos NT e T com um aumento médio de 18,57% e 29,67%.

2.3 Economia dos diferentes tratamentos

2.3.1 Economia das diferentes práticas de mobilização do solo

Ozpinar (2004) realizou uma experiência de campo durante 2001-2003 para estudar o efeito da lavoura no desempenho do trigo de inverno na Estação de Investigação Agrícola Dardonos da Universidade Onsekiz Mart, Canakkale, em solo argiloso. Ele relatou que o GMR, NMR e a relação B: C mais altos com lavoura reduzida com rototiller (RTR) seguido de lavoura reduzida com disco e mais baixo em lavoura convectiva (arado de placa de molde).

Kebede e Bekelle (2008) efectuaram uma experiência para observar a eficácia da lavoura na drenagem do excesso de água no solo. Verificaram que o rácio B: C mais elevado foi obtido nas parcelas BBF-100 seguido das parcelas BBF-80.

AI-Issa e Samarah (2006) realizaram um estudo de campo durante 2004-2005 na estação de crescimento em Jorden para investigar a economia do desempenho do trigo sob convecção (usando arado de aiveca) e lavoura de conservação (usando arado de cinzel e sem lavoura). Eles relataram que a não lavoura obteve o maior lucro líquido do que o arado de aiveca e o arado de cinzel.

Mishra e Singh (2009) conduziram um experimento de campo durante 2001-02 a 2004-05 em Jabalpur para descobrir o efeito de 4 sequências de lavoura [plantio direto de ambas as culturas (ZT-ZT), plantio convencional em ambas as culturas (CT-CT) e duas sequências de lavoura rotacional que alteraram entre plantio direto e lavoura convencional (ZT- CT e CT-ZT)] no sistema de cultivo baseado em soja. Eles descobriram que o plantio direto contínuo (ZT-ZT) gerou maior rendimento equivalente à soja (3,01 t/ha), retornos líquidos (Rs

24.318/ha) e relação B: C (2,17) no sistema soja-trigo do que o rendimento equivalente à soja-linhaça.

Ram *et al.*, (2010) estudaram a produtividade do sistema milho (*Zea mays*) - trigo (*Triticum aestivum*) sob diferentes práticas de lavoura e estabelecimento de culturas na PAU, Ludhiana durante as estações *kharif* e *rabi* de 2003-04 e 20042005. Observaram que os maiores rendimentos líquidos (Rs 43.536/ha) foram registados no tratamento NT/NT. A energia de entrada mais baixa e o rácio energia produzida/entrada (13,82) foram registados no tratamento PB/PB, enquanto a produção de energia (3,92,035 MJ/ha/ano) foi mais elevada no tratamento NT+S/NT.

Singh *et al.*, (2011) uma experiência de campo conduzida com milho de proteína de qualidade (*Zea mays* L.) e trigo (*Triticum aestivum*) em Pantnagar, Uttarakhand durante 2008-09 e 2009-10 para avaliar a economia sob diferentes métodos de lavoura, *viz.* lavoura zero (ZT), lavoura convencional (CT), cama fresca elevada (RFB) e cama elevada permanente (PRB). Eles concluíram que o maior rendimento líquido de Rs 18.600 ha^{-1} no milho e Rs 58.900 ha^{-1} no trigo e a maior relação benefício: custo foi encontrada com camas frescas elevadas (RFB) e camas elevadas permanentes (PRB) para trigo e milho, respetivamente.

Karunakaran e Bahera (2013) realizaram uma experiência no Indian Agricultural Research Institute, Nova Deli, durante 2009-10 a 2010-11 no sistema soja-trigo para estimar seu desempenho sob lavoura sequencial. Eles registraram que o trigo + resíduo de soja obteve a maior energia bruta (235,9 e 269,9 x 10^3 MJ/ha), enquanto o inverso com energia líquida e eficiência de uso de energia em ZT com resíduo, onde o sem resíduo (controle) obteve 189,0 e 206,4 x 10^3 MJ/ha; 8,69 e 10,4 x10^3 MJ/ha respetivamente durante o ano de 2009-10 e 2010-11 no sistema de trigo-soja.

Sepat *et al.*, (2013) realizaram uma experiência de campo no Indian Agricultural Research Institute, Nova Deli, em solo franco-arenoso, entre 2010 e 2012, para estudar o efeito das técnicas de lavoura e de estabelecimento de culturas, bem como a gestão de resíduos no sistema de cultivo de milho (*Zea mays* L.) - trigo (*Triticum aestivum* (L.) emend. Flori & Paol). Eles descobriram que PB + R registrou os maiores retornos líquidos de milho (39,2 x 10^3 ?/ha), trigo (50,5 x 10^3 t/ha) e o sistema de cultivo (89,7 x 10^3 t/ha) seguido por FB + R e zero till-flat com retenção de resíduos (ZT+F+R).

Singh *et al.*, (2013) estudaram o trigo (*Triticum aestivum* L.) sob a sequência de cultivo de trigo de feijão-frade (*Cajanus cajan* (L.) Millsp) na estação *rabi* durante o ano 2010-11 e 2011-12 para avaliar o tempo de pré-irrigação, como antes e depois da colheita de feijão-frade e diferentes práticas de lavoura. Relataram que a economia de diferentes lavouras revelou que o custo de produção significativamente maior em CT em comparação com MT e ZT e o valor máximo da relação B: C foi observado em ZT seguido por MT e CT.

Tripathi *et al.*, (2013) compararam a economia da produção de trigo em Haryana com métodos de lavoura zero e convencionais. O rendimento líquido foi encontrado no método ZT, principalmente devido ao menor custo de produção em comparação com o método convencional.

Khatri *et al.*, (2014) realizaram uma experiência de campo no Programa Nacional de Investigação do Milho (NMRP) em Rampur, Chitwan, Nepal, durante maio-Nov de 2013. Os resultados mostraram que a lavoura e os resíduos não tiveram efeito significativo na relação B: C. O retorno líquido foi obtido mais alto no plantio direto (NRs. 107,22 mil ha-1) em comparação com o plantio convencional (NRs. 100,28 mil ha-1) e uma relação B:C mais alta foi obtida no plantio direto com 2,42 em comparação com 2,20 nos métodos de plantio convencional.

DAS *et al.*, (2015) estudaram o efeito da mobilização do solo e da cobertura morta de resíduos na produtividade do sistema de cultivo de milho (*Zea mays*)-toria (*Brassica campestris*) no ecossistema frágil do nordeste dos Himalaias indianos e concluíram que o maior retorno bruto, retornos líquidos e B:C foi obtido a partir da aplicação de cobertura de caules de milho + *Ambrosia* sp. 10 t/ha em ZT do que CT.

Ghosh *et al.*, (2015) concluíram que, o retorno líquido para o trigo em parcelas CA foi muito maior e comparando o sistema de milho-trigo como um todo, as parcelas CA produziram um retorno líquido que foi 110% maior do que as parcelas de agricultura convencional.

Negi *et al.*, (2016) estudaram o efeito da lavoura e da gestão de resíduos de sistemas de cultivo à base de milho (*Zea mays* L.) no noroeste dos Himalaias, e descobriram que a lavoura convencional produziu maior eficiência de produção (13,9%), produtividade do sistema (11,2%), retornos líquidos (17,3%) e relação B: C (12,4%) em relação à lavoura zero.

Shivnath (2016) realizou uma experiência de campo para estudar o efeito da lavoura e da gestão de nutrientes na produtividade e rentabilidade do trigo durante a estação Rabi 2014-15. Verificaram que os retornos monetários brutos (GMR), o retorno monetário líquido (NMR) e a ração B:C foram mais elevados na lavoura zero, seguidos da lavoura mínima com BBF.

Stanzen L. *et al.*, (2017) realizaram uma experiência sobre o efeito da lavoura no trigo sob sistema de cultivo de milho-trigo em condições subtropicais irrigadas. Eles descobriram que maiores retornos líquidos e relação benefício: custo em zero lavoura seguido por CT em trigo.

Kumar *et al.*, (2017) realizaram uma experiência de campo durante a época rabi de 2011-12 e 2012-13 na Universidade Agrícola de Bihar, Sabour (Bihar).

Observaram que, na cultura do milho, foi registado um maior rendimento bruto (89000 ?/ha), rendimento líquido (55767 t/ha) e rácio B: C (1,67) na lavoura zero em comparação com a lavoura convencional.

Prabhamani *et al.*, (2018) realizaram uma experiência durante as épocas *de kharif* e *rabi* durante quatro anos na Estação Principal de Investigação Agrícola, Dharwad, para avaliar diferentes práticas de lavoura de conservação e de gestão de nutrientes no rendimento das culturas em três sistemas de cultivo. Descobriram que o plantio direto com leito plano com resíduos de culturas retidos na superfície (CT3) registrou maiores retornos líquidos (77.625 ha-1) e relação B: C (2,76) sobre o restante dos tratamentos.

Singh *et al*, (2020), foi realizado um estudo de campo de três anos para explorar a eficácia das técnicas de estabelecimento de culturas de trigo (*Triticum aestivum*), incluindo a lavoura convencional (CT), a lavoura mínima (MT), a lavoura zero (ZT) e o sulco de leito largo (BBF) após a colheita de culturas da estação das chuvas (*kharif*) de arroz (*Oryza sativa*), ervilha-de-angola (*Cajanus cajan*), painço (*Pennisetum glaucam*) e feijão de cacho (*Cyamopsis tetragonoloba*). O estudo revelou que o método BBF poupou um máximo de 101 dólares por hectare^{-1} , seguido do ZT (76 dólares por hectare^{-1}) e do MT (43 dólares por hectare^{-1}), em comparação com o custo total de produção no CT (497 dólares por hectare^{-1}). O retorno líquido foi maior em 199 US$ ha^{-1} com BBF e US$ 156 ha^{-1} com ZT em comparação com CT (US$ 844 ha^{-1}).

2.3.2 Economia das diferentes práticas de gestão dos resíduos de culturas

Khankhane *et al.*, (2009) estudaram o efeito das práticas de gestão dos resíduos de arroz (remoção, queima e incorporação) na produtividade do trigo, durante 2 e 3 anos, na Direção de Investigação Científica de Ervas Daninhas, Maharajpur, Jabalpur. Verificaram que a incorporação de resíduos de culturas no trigo registava o maior retorno monetário líquido e o B:C era de Rs. 57781 por hectare e 6,79, respetivamente, seguido da queima de resíduos (51440 ?/ha) ou da remoção de resíduos (48081 ?/ha).

Karunakaran e Behera (2013) realizaram uma experiência durante 2009-10 a 2010-11 sobre o efeito das relações energéticas da lavoura, gestão de resíduos e técnicas de estabelecimento de culturas na energia e economia do sistema de cultivo soja-trigo no Instituto Indiano de Investigação Agrícola, Nova Deli. Os tratamentos de gestão de resíduos influenciaram significativamente as relações energéticas em ambas as culturas. Verificaram que os rendimentos líquidos mais elevados foram obtidos com a aplicação combinada de resíduos de trigo + soja (45,58 e 69,33 x 10^3 t/ha), enquanto os mais baixos foram obtidos sem resíduos (42,48 e 57,49 x 10^3 ?/ha) durante os anos 2009-10 e 2010-11, respetivamente.

Meena e Singh (2013) realizaram uma experiência de campo durante as estações de inverno de 2009-11 em Varanasi, para avaliar o efeito das práticas de gestão de resíduos de arroz (*Oryza sativa* L.) no trigo. Revelaram que o retorno líquido e a relação benefício/custo mais elevados foram registados no tratamento com cobertura morta de resíduos de arroz (45000 ?/ha e 1,5), seguido da incorporação de resíduos de arroz (39200 Cha e 1,4).

Sepat e Rana (2013) realizaram uma experiência de campo no Instituto Indiano de Investigação Agrícola, em Nova Deli, num solo franco-arenoso, entre 2010 e 2012, para estudar o efeito da mobilização do solo e da gestão dos resíduos no sistema de cultura milho (Zea mays L.) - trigo. A cama sem mobilização do solo com retenção de resíduos da cultura (ZT-B-R) proporcionou os maiores rendimentos líquidos do milho, do trigo e do sistema, seguida da cama com mobilização convencional com incorporação de resíduos da cultura (CT-B-R) e da cama sem mobilização do solo (ZT-F). Além disso, o ZT-B-R aumentou 27,6 e 27,4 % o retorno líquido do sistema e a relação B: C, respetivamente, em relação ao CT-F. Além disso, o ZT-B-R deu 3,5 % mais produtividade do sistema em comparação com o CT-B-R. ZT-B-R deu os maiores retornos líquidos de milho (39,2 x10^3 ? ha), trigo (50,5x 10^3 ? ha) e o sistema de cultivo (89,7 *10^3 ? ha) seguido por CT-B-R e zero till-flat bed (ZT-F).

CAPÍTULO -III

MATERIAIS E MÉTODOS

As experiências de campo foram realizadas na quinta experimental, Departamento de Agronomia, Vasantrao Naik Marathwada Krishi Vidyapeeth, Parbhani, durante as estações Rabi de 2019-20 para estudar o efeito da "Lavoura e gestão de resíduos de culturas no trigo (*Triticum aestivum* L.) sob agricultura de conservação". Este capítulo aborda resumidamente os pormenores experimentais dos materiais utilizados, as observações efectuadas e as técnicas utilizadas durante a investigação.

3.1 Descrição geral

3.1.1 Local experimental

A presente experiência foi realizada na quinta de investigação do Departamento de Agronomia, Vasantrao Naik Marathwada Krishi Vidyapeeth, Parbhani (MS) durante a estação *Rabi* de 2019.

3.1.2 Solo

A topografia do campo experimental era bastante uniforme e nivelada. A fim de conhecer as propriedades físico-químicas do local experimental, as amostras de solo até 30 cm de profundidade foram recolhidas aleatoriamente com a ajuda de um trado de diferentes locais do campo antes do início da experiência durante o *Rabi* 2019-2020. Todas as amostras foram cuidadosamente misturadas e secas. Em seguida, foram preparadas amostras compostas de solo, que foram analisadas para estimar várias propriedades físicas e químicas do solo.

O resultado da análise do solo é apresentado no Quadro 1, juntamente com os métodos analíticos utilizados para a estimativa. A análise mecânica do solo foi efectuada pelo método da pipeta internacional (Piper, 1966), o azoto disponível pelo método do permanganato de potássio alcalino (Subbiah e Asija, 1956), o fósforo disponível pelo método de Olsen (Olsen *et al.,* 1954) e o potássio disponível pelo método de emissão de chama (Jackson, 1973).

Os dados apresentados no quadro 1 indicam que o solo da parcela experimental era de textura argilosa e de reação ligeiramente alcalina, com baixo teor de carbono orgânico, azoto e fósforo disponíveis, mas marginalmente elevado em potássio disponível.

Quadro 1: Propriedades físico-químicas da amostra composta de solo

N.º Sr.	Particularidades	Valor	Método utilizado	Referência
I. Composição mecânica				
A	Areia grossa (%)	6.60	Método internacional de pipetas	
B	Areia fina (%)	10.56		
C	Silte (%)	21.51		
D	Argila (%)	53.60		Piper, 1966
II. Composição química				
A	Carbono orgânico (%)	0.58	Método de Walkey e Black (Jackson, 1958)	

B	N disponível (kg ha)$^{-1}$	195.50	Permanganato de potássio alcalino	Subbiah e Asija, 1956
C	P2O5 disponível (kg ha)$^{-1}$	12.90	Método de Olsen	Olsen *et al.*, 1954
D	K2O disponível (kg ha)$^{-1}$	470.70	Fotómetro de chama	Piper, 1966
E	pH do solo	8.0	Medidor de pH com elétrodo de vidro	Jackson, 1958
F	Condutividade eléctrica (dSm)^{2}	0.256	(Condutividade eléctrica)	

3.1.3 Historial das culturas no campo experimental

O programa de cultivo seguido na parcela experimental nos quatro anos anteriores é apresentado no Quadro 2.

Quadro 2: Historial das culturas anteriores do campo experimental

Ano	*Quaresma*	*Rabi*	verão
2016-17	Sorgo	Trigo	Pousio
2017-18	Soja	Trigo	Pousio
2018-19	Sorgo	Trigo	Pousio
2019-20	Soja	Investigação atual	

3.1.4 Clima e condições meteorológicas:

Clima

Geograficamente, Parbhani está situada a 409 m acima do nível médio do mar, a 190 16' de latitude norte e 760 47' de longitude leste. A divisão de Marathwada é abrangida pelas fronteiras geográficas 170 35' a 200 40' norte e 740 49' a 780 15' leste. O clima de Marathwada caracteriza-se por um verão quente e uma secura generalizada durante todo o ano, exceto durante a monção do sudoeste. A nível agrícola, o ano divide-se em três estações

Quadro 3: Dados meteorológicos semanais para o ano de 2019-20 em Parbhani durante o período experimental

Data	MET. Semana	Temperatura 0C		Humidade (%) '		EVP (mm)	BSS (Hrs.)	WS (Km ph)	Precipitação total (mm)	Dias de chuva
		Máximo	Mínimo	AM	PM					
18-24 19 de novembro	47	30.0	13.2	81	44	3.4	8.5	2.1	0.0	0
25 Nov-1 Dez 19	48	30.1	15.4	80	46	3.8	7.9	2.6	0.0	0
2-8 Dez 19	49	28.9	14.8	76.3	46.4	4.2	7.4	3.5	0.0	0
9-15 Dez 19	50	30.0	15.6	86.4	44.3	3.6	7.1	2.5	0.0	0
16-22 Dez 19	51	28.3	14.9	88.3	44.6	3.3	6.1	2.9	0.0	0
23-29 Dez 19	52	26.2	15.2	81.1	49.0	2.7	3.0	4.1	4.4	1
30 de dezembro de 19 a 5 de janeiro de 20	1	27.0	15.0	83	52	2.7	5.7	4.1	3.4	1
6-12 20 de janeiro	2	28.0	12.9	78	43	3.3	6.9	3.4	0.0	0
13-19 20 de janeiro	3	29.0	13.9	78	42	3.2	7.8	3.4	0.0	0
20-26 20 de janeiro	4	31.2	13.8	81	33	4.1	8.9	3.1	0.0	0
27 de janeiro a 2 de fevereiro de 20	5	28.9	13.7	77	40	4.3	8.1	5.2	1.3	0
3-9 20 de fevereiro	6	28.6	16.5	75	50	3.5	5.6	5.1	0.0	0
10-16 20 de fevereiro	7	31.5	13.1	78	31	5.0	8.8	3.6	0.0	0
17-23 20 de fevereiro	8	33.6	14.3	78	24	7.0	9.5	3.7	0.0	0
24 Fev-1 Mar 20	9	16.2	5.9	37	12	3.5	5.0	2.0	0.0	0
2-8 20 de março	10	32.9	15.9	75	30	7.7	8.9	4.2	9.0	1
Total		**460. 4**	**224. 1**	**1233**	**631.**	**65.3**	**115.2**	**55.5**	**18.1**	**03**

					3					

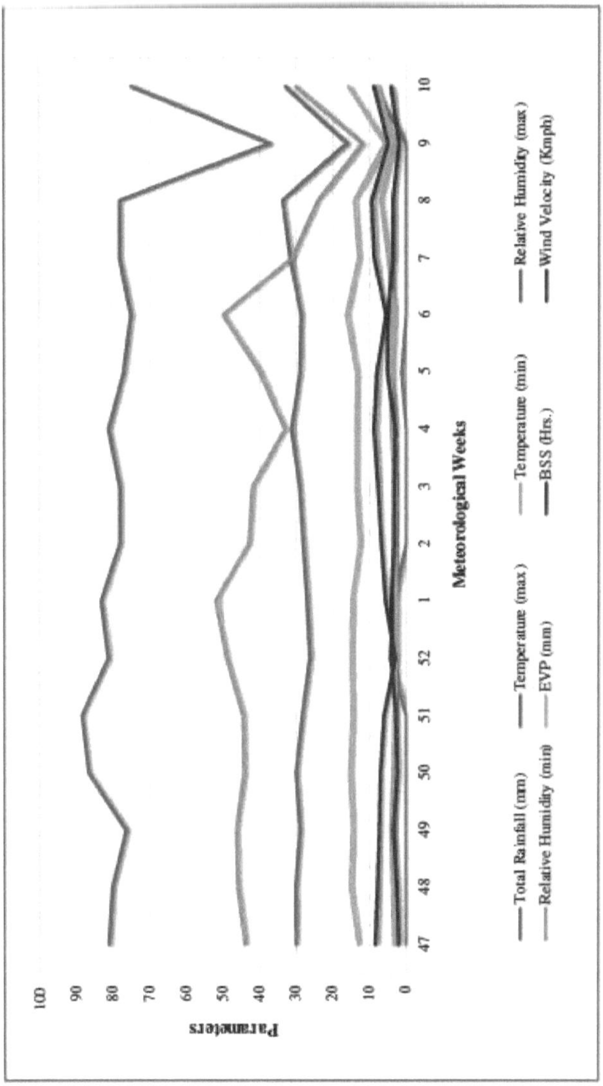

a saber: kharif (16th junho a 15th outubro), *rabi* (16th outubro a 16th fevereiro) e verão (16th fevereiro a 15th junho). Cerca de 85 por cento da precipitação é recebida na estação *kharif* e os restantes 15 por cento durante a estação *rabi*. Parbhani recebe uma precipitação média anual de 968,6 mm em cerca de 52 dias de chuva e está agrupada numa zona de precipitação garantida. Os dados sobre vários parâmetros meteorológicos foram obtidos do Observatório

Meteorológico Central, Vasantrao Naik Marathwada Krishi Vidyapeeth, Parbhani, para o ano de 2019-2020 e são apresentados no Quadro 3.

Tempo

Os dados meteorológicos registados no Observatório Agrometeorológico, Vasantrao Naik Marathwada Krishi Vidyapeeth, Parbhani, durante o período de experimentação são apresentados no Quadro 3 e representados graficamente na Fig.1.

Os dados sobre os parâmetros meteorológicos recolhidos durante o período experimental mostraram que a precipitação recebida durante o período experimental foi de 18,1 mm distribuídos por três dias de chuva. A temperatura máxima e mínima durante a estação de crescimento da cultura foi de 33,6° C e 5,9° C, respetivamente. A humidade relativa máxima e mínima foi de 9,5 e 2,0 por cento, respetivamente. O fotoperíodo variou de 3,0 a 9,5 horas por dia .$^{-1}$

3.2 Conceção experimental e tratamentos

3.2.1 Conceção da experiência

Uma experiência de campo foi conduzida num desenho de parcela dividida com três replicações. Os tratamentos consistiram em três métodos de lavoura como tratamentos de parcela principal e cinco resíduos de culturas como tratamentos de subparcela, que são dados com seus símbolos como abaixo. O ensaio foi realizado durante o *rabi* 2019-20.

3.2.2 Pormenores do tratamento:

Parcela principal: Práticas de lavoura

T1: Lavoura zero (apenas sementeira com semeador de plantio direto)

T2: Lavoura reduzida (semeadora BBF)

T3: Lavoura convencional (lavoura, rotavator, sementeira com semeador)

Subparcela: Gestão de resíduos

R1: resíduos de culturas a 2,5t/ha

R2: resíduos de culturas @ 5t/ha

R3: resíduos de culturas @ 2,5t/ha + consórcios @ 5kg/ha

R4: resíduos de culturas @ 5t/ha + consórcios @ 5kg/ha

R5: sem resíduos de culturas (controlo)

3.2.3 Pormenores da disposição experimental:

1) Programa de arranque	- *Rabi* 2019-20
2) Cultura 3) Variedades	- Trigo
4) Conceção experimental	- Trimbak (NIAW-301)
5) Números de tratamento 6) Número de réplicas	- Conceção de parcelas divididas
7) Número total de parcelas	- 15
8) Tamanho do loteBruto	

Líquido 9) Distância entre duas parcelas 10) Distância entre réplicas 11) Taxa de sementeira 12) Espaçamento entre plantas 13) Método de sementeira 14) Dose de fertilizante 15) Data de sementeira 16) Data da colheita 17) Sítio	- 3 - 45 - 6,3 m x 5,4 m - 5,6 m x 4,8 m - 0.5 m - 1.0 m -100 kg/ha - 22,5 cm x 5 cm - Plantação direta, semeador BBF e semeador Ferti-cum - 120:60:60 NPK kg/ha - 18th novembro, 2019 - 5th março de 2020 - Quinta Experimental, Departamento de Agronomia, VNMKV, Parbhani.

O campo experimental foi disposto de acordo com o plano após o cultivo preparatório. As 45 parcelas experimentais foram distribuídas em 3 repetições e cada repetição foi dividida em 15 unidades experimentais. O tamanho de cada unidade experimental foi de 6,3m x 5,4m e 5,6m x 4,8m em tamanho bruto e líquido, respetivamente. A distância entre duas réplicas foi de 1,0 m e a distância entre duas parcelas foi de 0,5 m. O plano de disposição com todos os tratamentos é apresentado na Fig. 2.

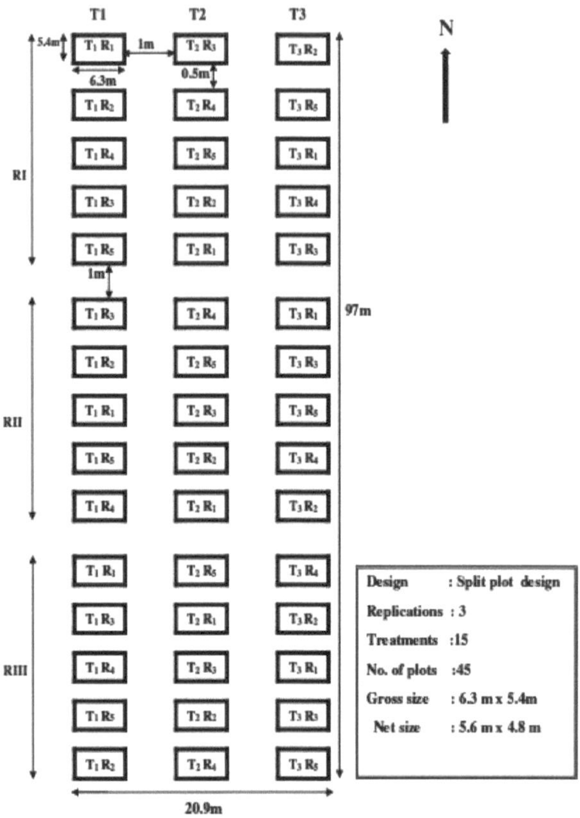

Fig. 2: <u>Planta da disposição do campo experimental</u>

3.3 Preparação do terreno e aplicação dos principais tratamentos da parcela

A preparação do terreno para a presente investigação foi efectuada de acordo com os tratamentos especificados da parcela principal de diferentes práticas de lavoura.

3.3.1 Lavoura zero

O tratamento de lavoura zero foi dado pela semeadura da semente sem práticas de lavoura preparatórias. Na lavoura zero, a operação de sementeira foi efectuada com um semeador de plantio direto. O semeador de plantio direto é composto por estrutura, caixa de sementes, caixa de fertilizantes, mecanismos de medição de sementes, tubos de sementes, abridor de sulcos, mecanismo de ajuste de sementes/fertilizantes, roda de transporte e transmissão de potência. A estrutura é feita de uma secção de caixa de aço macio. Os tubos são montados com a ajuda de grampos, para obter um espaçamento infinito entre linhas. A principal diferença entre o semeador de plantio direto e o semeador convencional é que ele tem um abridor de sulcos do tipo T invertido fixado nos tynes em vez de pás reversíveis e abridores de sulcos do tipo tyne. A principal vantagem do abridor de sulcos de tipo T invertido é a não formação de torrões, a menor necessidade de tração e a penetração mais fácil no solo com um mínimo de perturbação do solo.

3.3.2 Lavoura reduzida

Na lavoura reduzida, a operação de sementeira foi efectuada com a plantadora BBF. A plantadeira de sulco de leito largo foi usada para a preparação do BBF (sulco de leito largo) e plantio. No caso do BBF (Broad Bed Furrow), a semeadura foi feita com a ajuda da plantadeira BBF puxada por trator desenvolvida pela CRIDA, Hyderabad. A preparação da cama, a abertura do sulco e a plantação (colocação da semente) foram feitas numa operação de cada vez. As seis fileiras de trigo foram dispostas numa cama larga elevada e a sementeira foi feita com um espaçamento de 22,5 cm entre fileiras para manter a população de plantas no sulco da cama larga.

3.3.3 Lavoura convencional

O tratamento convencional de lavoura foi feito através de uma operação de lavoura profunda com uma charrua de duas lâminas montada num trator, seguida de um rotavator montado num trator. A sementeira foi efectuada com um semeador.

3.4 Aplicação de tratamentos nas subparcelas

3.4.1 Resíduos de culturas

Os resíduos picados das culturas de soja da época anterior foram aplicados a 2,5 t/ha e 5t/ha na cultura do trigo, com pulverização de 5 kg/ha de consórcios (um decompositor microbiano) após 20 DAS das culturas como cobertura vegetal superficial.

Placa 1 - Semeadura em plantio direto por semeadora de plantio direto

Placa 2 - Semeadura em lavoura reduzida com plantadeira BBF

Placa 3- Semeadura em lavoura de convecção por semeador com ferti

3.4.1.1 Resíduos de culturas a 2,5t/ha

O tratamento foi feito através da aplicação de resíduos picados das culturas de soja da época anterior aplicados a 2,5 t/ha na cultura do trigo aos 20 DAS.

3.4.1.2 Resíduos de culturas @ 5t/ha

O tratamento foi feito através da aplicação de resíduos picados das culturas de soja da época anterior aplicados a 5 t/ha na cultura do trigo aos 20 DAS.

3.4.1.3 Resíduos de culturas @ 2,5t/ha com consórcios @ 5kg/ha

O tratamento foi feito através da aplicação de resíduos picados das culturas de soja da época anterior aplicados a 2,5 t/ha na cultura do trigo, com pulverização de 5 kg/ha de consórcios (um decompositor microbiano) aos 20 DAS.

3.4.1.4 Resíduos de culturas @ 5t/ha com consórcios @ 5kg/ha

O tratamento foi feito através da aplicação de resíduos picados das culturas de soja da época anterior aplicados a 5 t/ha na cultura do trigo, com pulverização de 5 kg/ha de consórcios (um decompositor microbiano) aos 20 DAS.

3.4.1.5 Sem resíduos de culturas (controlo)

O tratamento foi aplicado sem resíduos de culturas e consórcios.

3.5 Pormenores da ação cultural

O calendário das várias operações culturais efectuadas durante o período de experimentação é apresentado no quadro 4.

3.5.1 Preparação do terreno

A ZT consistia numa perturbação mínima do solo, que era acompanhada apenas pela abertura de um sulco estreito, pela colocação das sementes no sulco e pela cobertura das sementes numa única operação. A lavoura reduzida inclui rotavator seguido de BBF (sulco de leito largo) feito com plantador BBF com leitos largos de 180cm, sulco de 15cm, é usado para fins de irrigação e semeadura de cultura em um espaçamento de linha de 22,5cm. A lavoura convencional consistiu numa lavoura profunda, seguida de duas passagens de cultivador com plaina na última passagem.

3.5.2 Aplicação de herbicidas em pré-emergência

Uma solução de Diaquat (1,6 -2,4 L/ha, 25-30 ml/10L de água) foi aplicada nas parcelas do tratamento de lavoura zero para controlar as ervas daninhas gramíneas e de folha larga antes da sementeira das culturas.

Placa 4-Cultura de trigo em lavoura zero

Placa 5- Cultura de trigo com mobilização reduzida (BBF)

Placa 6 - Cultura de trigo em lavoura convectiva

Quadro 4: Pormenores das operações culturais efectuadas na parcela experimental durante 2019-2020

N.º Sr.	Ação cultural	Frequência	Datas
A) Operação de pré-sementeira			
1.	Lavoura	1	8/11/2019
2.	Rotavador	1	11/11/2019
3.	Limpeza	1	13/11/2019
4.	Aplicação de herbicidas antes da emergência (em parcelas sem mobilização do solo)	1	12/11/2019
5.	Preparação da planta do terreno	1	15/11/2019
6.	Aplicação de fertilizantes de base	1	18/11/2019
7.	Semeadura	1	18/11/2019
B) Operação pós-sementeira			
8.	Limagem e desbaste de lacunas	1	30/11/2019
9.	Cobertura (ureia)	1	9/12/2019
10.	Aplicação de resíduos de culturas	1	10/12/2019
11.	Monda manual (em parcela convencional)	1	11/12/2019
12.	Aplicação de herbicida pós-emergência (em lavoura zero e reduzida)	1	23/12/2019

13.	Irrigação	3	21/11/2019 30/11/2019 23/1/2019
14.	Colheita	1	5/3/2020 e 6/3/2020
15.	Debulha, limpeza	1	8/3/2020

Placa 7 - Aplicações de resíduos de culturas de tratamento + pulverização de consórcio microbiano

3.5.3 Aplicação de fertilizantes

Independentemente dos tratamentos, foi aplicada uma dose uniforme de 120 kg de N/ha, 60 kg de P_2O_5/ha e 60 kg de K_2O/ha sob a forma de ureia, superfosfato simples (SSP) e murato de potássio (MOP), respetivamente. Metade do nitrogênio e a dose total de P e K foram aplicados como basal e a outra metade de N foi aplicada na segunda irrigação, 21 dias coincidindo com a iniciação da raiz da coroa (CRI) e outra no estágio de perfilhamento máximo. Nos tratamentos convencionais de lavoura, a dose basal de fertilizantes foi difundida no campo antes da última lavoura, enquanto nos tratamentos de lavoura zero os fertilizantes foram semeados na semeadura do trigo.

3.5.4 Sementes

A variedade de trigo NIAW-301 foi trazida do criador de trigo, V.N.M.K.V., Parbhani, para a sementeira da referida experiência. A taxa de semente recomendada de 100 kg ha^{-1} foi usada para a semeadura.

3.5.5 Tratamento das sementes

O tratamento das sementes foi efectuado com *Azatobacter* @1,2 litros/ha antes da sementeira da cultura.

3.5.6 Sementeira de sementes

A cultura do trigo (NIAW 301) foi semeada a um espaçamento de 22,5 cm nos tratamentos de lavoura convencional BBF e de lavoura zero por semeadora múltipla. Enquanto a semeadora de leito largo foi usada para semear no leito elevado. A taxa de semente @ 100 Kg/ha foi comum para a semeadura em cama plana e cama elevada.

3.5.7 Preenchimento de lacunas e desbaste

O enchimento das lacunas e o desbaste foram efectuados no trigo imediatamente após a emergência, a fim de manter uma população óptima e uniforme de plantas.

3.5.8 Irrigação

Imediatamente após a sementeira, a irrigação foi efectuada na parcela experimental. A irrigação foi aplicada a diferentes parcelas pelo método de irrigação de superfície. A irrigação de poupança de vida foi aplicada a todas as parcelas, para recuar o período crítico de crescimento da cultura **3.5.9 Monda e inter-cultivo**

Nos tratamentos convencionais de lavoura, as ervas daninhas foram controladas por monda manual efectuada após a sementeira. Seguiu-se uma sacha pouco profunda para proporcionar arejamento, facilitar o crescimento das raízes e tornar o solo recetivo à humidade e aos nutrientes. Nos tratamentos de lavoura zero e reduzida, as ervas daninhas foram controladas pela aplicação de

3.5.10 Aplicação de herbicidas pós-emergência

Nos tratamentos de lavoura zero e reduzida, as ervas daninhas foram controladas por pulverização de herbicida. Em seguida, a solução de mistura de tanque de METRON (Metasulfuron methyl 20 % WP) @ 8gm/ha foi aplicada nas parcelas de tratamentos de lavoura zero e reduzida para controlar ervas daninhas gramíneas e de folhas largas após 35 dias de semeadura da cultura. **3.5.11 Colheita e debulha**

Quando atingiram a maturidade, as plantas das linhas limítrofes foram colhidas e o material foi retirado do campo; depois disso, as parcelas da rede foram colhidas separadamente. Os produtos das parcelas foram recolhidos e atados em feixes, secos ao sol, pesados e depois debulhados, registando-se novamente o peso do grão e da palha.

3.6 Pormenores da recolha de dados

3.6.1 Técnica de amostragem

A fim de registar as observações sobre os caracteres de crescimento em diferentes fases de crescimento, foram selecionadas cinco plantas ao acaso em cada parcela de rede. Todas as observações biométricas sucessivas foram registadas periodicamente para avaliar o rendimento individual da planta e os atributos de rendimento na colheita.

3.6.2 Contagem de emergência

A contagem da emergência foi efectuada aos 8 e 13 dias após a sementeira e o estande final das plantas de cada parcela de rede foi registado na colheita.

3.6.3 Observação biométrica

Cinco plantas de cada parcela de rede foram selecionadas aleatoriamente e etiquetadas para fazer observações biométricas em diferentes fases de crescimento. Foram registadas observações periódicas sobre a altura do rebento principal, o número de folhas da planta^{-1} , a área foliar da planta^{-1} , a matéria seca da planta^{-1} e o número de perfilhos da planta^{-1} , em várias fases de crescimento. As mesmas plantas foram colhidas separadamente para estudos pós-colheita. Os horários destas observações são apresentados no Quadro 3.5.

3.6.4 Estudos prévios à colheita

3.6.4.1 Altura da planta

A altura do rebento principal foi medida (cm) a partir da base da planta, ou seja, ao nível do solo, até às lígulas da folha superior totalmente aberta. Após a emergência da panícula, a altura foi medida até à base da panícula.

Quadro 5: Pormenores das observações biométricas e outras observações registadas durante o período de inquérito no trigo

N.º Sr.	Particular	Frequência	Dias após a sementeira
A) Estudos pré-colheita			
1	Contagem de emergência	1	Após a emergência
2	Estande final das plantas	1	Na colheita
3	Altura da planta (cm)	5	20,40,60,80 e Na colheita
4	N.º de folhas da planta^{-1}	5	20,40,60, e 80 DAS
5	Área foliar/planta (dm)$^{-2}$	5	20,40,60 e 80DAS
6	Matéria seca da planta^{-1} (g)	5	20,40,60,80 e Na colheita
7	Número de perfilhos/plantas	3	40,60,80,100 e Na colheita
B) Estudos pós-colheita			
1	Comprimento da espiga (cm)	1	Na colheita
2	Números de panículas/planta	1	Na colheita

3	Número de grãos/panículas	1	Na colheita
4	Peso do grão da planta^{-1} (g)	1	Na colheita
5	Peso de ensaio (peso de 1000 grãos)	1	Na colheita
6	Rendimento de grãos Kg ha^{-1}	1	Na colheita
7	Rendimento em palha Kg ha^{-1}	1	Na colheita
C) Propriedades do solo			
1	Humidade do solo (%)	5	20,40,60,80 e Na colheita
2	Densidade a granel (Mg m$^{-3)}$	2	Inicial e na colheita
D) Estudos económicos			
1	Rendimento monetário bruto (Rs. ha)$^{-1}$	1	Após a colheita
2	Rendimento monetário líquido (Rs. ha)$^{-1}$	1	Após a colheita
3	Rácio benefício/custo	1	Após a colheita

3.6.4.2 Número de folhas funcionais da planta^{-1}

Contou-se o número progressivo de folhas funcionais, ou seja, folhas totalmente abertas da planta^{-1}, a partir de plantas selecionadas em várias fases de crescimento da cultura.

3.6.4.3 Área foliar da planta^{-1} (dm)^2

A área foliar foi calculada utilizando as amostras de plantas colhidas para os estudos de matéria seca de cada parcela da rede. As folhas da planta foram separadas e agrupadas em três grupos: pequeno, médio e grande. O comprimento máximo e a respiração de cinco folhas de cada grupo foram medidos e a área média da planta^{-1} calculada pela seguinte fórmula,

Comprimento x respiração 0,876 x nº. Folhas
Área foliar por planta (dm^2) =
Número de plantas
Onde,

0,8676 = Constante para o cálculo da área foliar do trigo mexicano

3.6.4.4 Número de perfilhos da planta^{-1}

Número de perfilhos da planta^{-1} foram registados em plantas selecionadas de cada parcela da rede desde o perfilhamento até à fase de colheita da cultura, excluindo o rebento principal.

3.6.4.5 Acumulação de matéria seca

A planta representativa de cada parcela de rede foi arrancada aleatoriamente aos (20, 40, 60, 80 e aquando da colheita) após secagem parcial à luz solar. Foram submetidas a uma secagem completa numa estufa a 65 ± 5°C durante 24 horas. As amostras de folhas, caule e cabeça da espiga secas na estufa de cada parcela foram pesadas.

3.6.5 Estudos pós-colheita

As cinco plantas selecionadas para o registo da observação biométrica foram também utilizadas para gerar dados sobre estudos pós-colheita, *nomeadamente* o comprimento das panículas, o número de grãos da panícula^{-1}, o número de panículas da planta^{-1}, o peso do grão da planta^{-1} e o peso do teste.

3.6.5.1 Comprimento das panículas (cm)

O comprimento da panícula do rebento principal das plantas observadas foi medido (cm) a partir da base da primeira gluma da ponta da maior parte das espiguetas, excluindo os rebentos, e o comprimento médio da panícula foi calculado.

3.6.5.2 Número de panículas da planta^{-1}

Foi contado o número de panículas da planta^{-1} das plantas observadas.

3.6.5.3 Número de grãos na panícula^{-1}

A panícula do rebento principal da planta de observação foi debulhada e os grãos e a palha foram separados e o número total de grãos foi contado.

3.6.5.4 Peso dos grãos (g) da planta^{-1}

Os grãos obtidos de cinco plantas de cada unidade de observação foram pesados e calculou-se o peso médio (g) da planta^{-1} .

3.6.5.5 Peso de ensaio (g)

Foram retiradas amostras de grãos da produção de grãos limpos de cada parcela da rede, contados 1000 grãos e registado o seu peso (g).

3.7 Atributos de rendimento

3.7. 1Rendimento do grão por hectare^{-1}

Os grãos de cada parcela da rede foram debulhados e limpos e os grãos de cada parcela da rede foram pesados em kg e multiplicados pelo fator hectare para obter o rendimento de grãos por hectare (kg ha^{-1}).

3.7.2 Rendimento de palha por hectare^{-1}

Após a separação do grão do rendimento biológico, o material restante (palha + bhoosa) foi considerado como rendimento em palha e os seus pesos finais foram registados em kg net plot^{-1} , que foi depois multiplicado pelo fator hectare para obter o rendimento em palha (kg ha^{-1}). **3.7.3 Índice de colheita**

O índice de colheita indica a capacidade de produção e a eficiência da cultura para produzir grãos por unidade de rendimento biológico total. Foi calculado dividindo o peso total da parcela de grãos^{-1} pelo produto biológico total da parcela, na mesma unidade.

$$\text{Harvest Index (\%)} = \frac{\text{Total economical yield (kg/ha)}}{\text{Total biological yield (kg/ha)}} \times 100$$

Rendimento económico total (kg/ha)

Índice de colheita (%) = Rendimento biológico total (kg/ha) X ^{100}

3.8 Análise de crescimento

Empiricamente, o crescimento das plantas pode ser expresso como uma interação entre factores genéticos e ambientais. Na produção científica moderna de culturas, o objetivo é maximizar a taxa de crescimento e o rendimento através da manipulação genética e ambiental. A função de crescimento baseada na altura, área foliar e acumulação de matéria seca foi avaliada no presente estudo.

3.8.1 Taxa de crescimento absoluto (TCA)

A taxa de crescimento absoluto é o ganho total em altura e peso por planta dentro de um intervalo de tempo estipulado. Os valores médios de AGR para a altura da planta e o peso da matéria seca da planta^{-1} foram calculados utilizando a seguinte fórmula (Richards, 1969).

$$\text{AGR (altura da planta)} = \frac{H_2 - H_1}{t_2 - t_1} \ (\text{cm day}^{-1}\ \text{plant}^{-1})$$

$$\text{AGR (Peso seco)} = \frac{W_2 - W_1}{t_2 - t_1} \ (\text{cm day}^{-1}\ \text{plant}^{-1})$$

Onde, H_2, $H1$ e W_2, $W1$ referem-se à altura da planta (cm) e à acumulação de matéria seca da planta^{-1} no tempo $t2$ e $t1$ (dias), respetivamente.

3.8.2 Taxa de crescimento relativo (RGR)

A taxa de crescimento relativo à qual a planta adiciona novo material às substâncias é medida pela taxa de crescimento relativo (RGR) da acumulação de matéria seca.

Blackman (1919) salientou que, o aumento do peso da matéria seca da planta é um processo contínuo de juros compostos onde o incremento em qualquer intervalo acrescenta ao capital para o crescimento subsequente. A taxa de incremento foi chamada de taxa de crescimento relativo. Foi calculada pela seguinte fórmula e expressa em g/g/dia.

$$\text{RGR} = \frac{\text{Log}_e\, W_2 - \text{Log}_e\, W_1}{t_2 - t_1}$$

Onde,

$W1$ = Peso da matéria seca (g) no momento t_1

$W2$ = peso da matéria seca (g) no momento t_2

$t2 - t1$ = o intervalo em dias

Loge = logaritmos naturais (logaritmos à base de e de 2,3026)

A taxa de crescimento relativo é expressa em g g^{-1} planta^{-1} dia^{-1}

3.8.1 Índice de área foliar (LAI)

Uma vez que o rendimento da cultura deve ser avaliado por unidade de área de solo em vez de planta^{-1} , a área foliar existente numa unidade de área de solo foi proposta por Watson (1952). A medida é conhecida como índice de área foliar.

$$\text{LAI} = \frac{\text{Área foliar por planta (dm)}^2}{\text{Superfície do solo por planta (dm)}^2}$$

3.9 Estudos de humidade

3.9.1 Humidade disponível no solo (%)

Após a emergência do trigo, foram efectuadas observações da humidade do solo a uma profundidade de 15 cm, com um intervalo de 20 dias. As amostras de solo para os estudos de humidade foram colhidas aleatoriamente em cada parcela com a ajuda de um parafuso sem fim. Em seguida, as amostras foram transferidas imediatamente para caixas de alumínio e cobertas com folhas de polietileno para evitar o aquecimento do sol no campo. As amostras de solo da respectiva profundidade foram pesadas imediatamente numa balança eléctrica e 50 g de amostra de solo (w_1) foram retiradas para secagem e depois transferidas para uma estufa de ar quente. As amostras foram secas a 105^0 C + 5^0 C durante 8 a 12 horas até se obter um peso constante (w_2). A percentagem de humidade foi calculada com o método gravimétrico da seguinte forma

$$\text{Teor de humidade do solo (\%)} = \frac{W_1 - W_2}{W_2} \times 100$$

Onde, W1 - Peso de 50 gm de amostra de solo húmido
W2 - Peso de 50 gm de amostra de solo seco em estufa

3.9.2 Densidade a granel (Mg m)$^{-3}$

O amostrador de núcleo foi utilizado para recolher o solo do centro de uma determinada profundidade (por exemplo, 0-15 e 15-30 cm). Os núcleos com amostras de solo foram secos em estufa a 105°C durante 48 horas. A densidade aparente (g cm-3) foi calculada dividindo o peso do solo seco através da fórmula (Veihmeyer e Hendrickson, 1948).

$$\text{Densidade a granel} = \frac{(X-Y)}{V} \times 100$$

Onde,

BD é a densidade aparente em Mg m ,$^{-3}$

X é o peso do núcleo com terra seca em estufa (g),

Y é o peso do núcleo vazio (g),

V é o volume do núcleo (cm^3), que foi calculado através da fórmula 3.14 x h x r^2 , em que r é o raio e h é a altura do núcleo.

3.10Economia

3.10.1 Rendimentos monetários brutos

Os retornos monetários brutos (Rs. ha^{-1}) ocorridos devido a diferentes tratamentos no presente estudo foram calculados considerando os preços de mercado do produto económico, subproduto e resíduos de culturas durante o ano experimental.

GMR = Rendimento de grãos de trigo X MSP

Onde,

MSP= Preço mínimo de apoio (Kg ha $)^{-1}$

3.10.2 Custo da cultura

O custo de cultivo (Rs. ha^{-1}) de cada tratamento foi calculado tendo em conta o preço dos factores de produção, encargos de cultivo, mão de obra, terra e outros encargos. **3.10.3 Rendimentos monetários líquidos**

Os rendimentos monetários líquidos (Rs. ha^{-1}) de cada tratamento foram calculados deduzindo o custo médio de cultivo (Rs. ha^{-1}) de cada tratamento dos rendimentos monetários brutos (Rs. ha^{-1}) obtidos com os respectivos tratamentos.

NMR = Rendimento monetário bruto - Custo de cultivo

3.10.4 Rácio benefício-custo

O rácio benefício/custo de cada tratamento foi calculado dividindo os rendimentos monetários brutos pelo custo médio de cultivo.

$$\text{Rácio benefício-custo} = \frac{\text{Rendimentos brutos}}{\text{Custo de cultivo}}$$

3.11 Análise estatística e interpretação dos dados

Os dados obtidos em diversas variáveis foram analisados pelo "método de análise de variância" (Panse e Sukhatme, 1967). A variância total (S^2) e a d.f. (n-1)

Placa 8 - Vista geral da parcela experimental

dividida em diferentes fontes possíveis. A variância devida à replicação e aos efeitos dos tratamentos foi calculada e comparada com a variância do erro para determinar os valores "F" e, em última análise, para testar a significância a P = 0,05 sempre que os resultados foram considerados significativos. A diferença crítica foi calculada para comparação da média dos tratamentos a um nível de significância de 5 por cento quando os resultados são significativos.

3.11.1 Correlação simples

Foram efectuados estudos de correlação entre a planta de rendimento de sementes^{-1} em relação a vários atributos importantes de crescimento e rendimento.

3.11.2 Estudos de correlação simples

Foram calculados os coeficientes de correlação simples (valores "r") entre o peso da semente da planta^{-1} (y) e os caracteres morfológicos (Xn), *nomeadamente,* x_1 -Altura da planta (cm) na colheita.

x_2 -Número de folhas funcionais da planta^{-1} na colheita.

x_3 -Área foliar em cm^2 planta^{-1} na colheita.

x_4 -Número de ramos da planta^{-1} na colheita.

x_5- Matéria seca total da planta^{-1} na colheita.

x_6 -Número de vagens da planta^{-1} na colheita.

x_7 -Número de sementes plantadas^{-1}

x_8 -produto da vagem planta^{-1} (g)

x_9 Planta de rendimento de sementes^{-1} (g)

O procedimento e a fórmula descritos por Snedecor e Cochran (1967) foram adoptados e a significância foi testada.

$$r = \frac{\Sigma\, xy}{\sqrt{(\Sigma x)(\Sigma y)}}$$

Onde,

r=Coeficiente de correlação
x=Variável independente (atributos)
y=Variável dependente (rendimento)

CAPÍTULO -IV

RESULTADOS EXPERIMENTAIS

As experiências de campo foram conduzidas na quinta experimental, Departamento de Agronomia, Vasantrao Naik Marathwada Krishi Vidyapeeth, Parbhani, durante as estações *Rabi* de 2019-20 para estudar o efeito da "Lavoura e gestão de resíduos de culturas no trigo (*Triticum aestivum* L.) sob agricultura de conservação". As descobertas importantes na forma de dados resumidos sobre diferentes aspectos dos caracteres de crescimento, caracteres que contribuem para o rendimento, rendimento e aspeto econômico do trigo, conforme influenciado pela lavoura e resíduos da cultura durante o curso da investigação, são apresentados neste capítulo, juntamente com tabelas sob os cabeçalhos apropriados.

4.1 Estudos pré-colheita

4.1.1 Contagem de emergência e estande final de plantas

Os dados relativos à contagem média de emergência e ao estande final de plantas de trigo na colheita, influenciados por vários tratamentos, são apresentados no Quadro 6.

Quadro 6: Contagem média de emergência e estande final de plantas de trigo sob a influência de

diferentes tratamentos

Tratamentos	Valores percentuais	
	Contagem de emergência	Povoamento final das plantas
Práticas de mobilização do solo (T)		
Ti-Zero lavoura	90.71 (72.60)	83.48 (66.56)
T2- Lavoura reduzida	92.90 (74.90)	86.97 (70.07)
T3- Lavoura convencional	91.94 (73.72)	85.17(68.16)
S.E.±	1.61	4.08
C.D. a 5%	NS	NS
Gestão de resíduos (R)		
Ri- resíduos de culturas @ 2,5t/ha	91.28 (73.19)	84.15 (67.66)
R2- resíduos de culturas @ 5t/ha	92.67 (74.62)	86.61 (69.92)
R3- resíduos de culturas @ 2,5t/ha + consórcios @ 5kg/ha	91.34 (73.19)	84.66 (67.24
R4- resíduos de culturas @ 5t/ha + consórcios @ 5kg/ha	92.84 (74.76)	87.45 (70.00)
Rs- sem resíduos de culturas (controlo)	91.11 (72.96)	83.19(66.52)
S.E.±	1.10	3.06
C.D. a 5%	NS	NS
Interação (T x R)		
S.E.±	1.90	5.30
C.D. a 5%	NS	NS
G. média	**91.85 (73.74)**	**85.21 (68.26)**

* Os números entre parêntesis indicam valores de arco-seno.

Os dados sobre a contagem média de emergência foram registados aos 15 DAS, enquanto o estande final das plantas foi registado no momento da colheita. O stand médio inicial das plantas foi de 91,85% e na fase de colheita o stand médio final das plantas foi de 85,21%. Os dados apresentados na Tabela 6 indicam que a contagem média de emergência no estabelecimento da cultura e o estande final de plantas na colheita não foram influenciados significativamente pelos vários tratamentos. No entanto, a contagem de emergência numericamente mais alta (92,90%) foi registada com o tratamento de lavoura reduzida (T2), enquanto a contagem de emergência mais baixa (90,71%) foi registada em lavoura zero (T1). A mesma tendência foi observada no momento da contagem final da população de plantas na colheita com os respectivos valores de 86,97% e 83,48%.

4.2 . Atributos de crescimento

Os dados sobre a progressão do crescimento e desenvolvimento do trigo em estudo, influenciados por diferentes práticas de lavoura e gestão de resíduos de culturas durante a estação *rabi*, foram registados periodicamente a intervalos regulares no período de crescimento da cultura e são apresentados sob os títulos apropriados.

4.2.1 Altura da planta^{-1} (cm)

Dados relativos à altura média das plantas^{-1} (cm) de trigo influenciados por vários tratamentos em todas as fases de crescimento, como é evidente no Quadro 7 e representado graficamente na Fig.3.

Os dados apresentados no quadro revelam que a altura média das plantas (cm) aumentou progressivamente em todas as fases de crescimento da cultura até à maturidade. O aumento máximo da altura das plantas foi observado entre os 20 e os 60 DAS e depois aumentou com uma taxa reduzida até à colheita. A altura média da planta^{-1} registada aos 20 DAS, 40 DAS, 60 DAS, 80 DAS e na colheita foi de 6.30, 18.02, 70.42, 79.53 e 80.76 cm respetivamente.

Efeito das práticas de mobilização do solo (T)

A altura média das plantas foi significativamente influenciada pelas diferentes práticas de lavoura em todas as fases de crescimento da cultura, exceto aos 20 DAS.

Aos 40, 60, 80 DAS e na colheita foi registada uma altura média significativamente máxima da planta^{-1} com a lavoura reduzida, que foi significativamente superior à lavoura zero. Da mesma forma, foi encontrado a par com a lavoura convencional.

Efeito da gestão dos resíduos (R)

O efeito da gestão dos resíduos na altura média das plantas foi significativo em todas as fases de crescimento, exceto aos 20 e 40 DAS.

Os dados relativos à gestão de resíduos aos 60, 80 e na colheita revelaram que a aplicação de resíduos de culturas @ 5t/ha + consórcios @ 5kg/ha, ou seja, R4 registou plantas significativamente mais altas do que o resto dos tratamentos. No entanto, foi encontrado a par com o resíduo de cultura @ 5t/ha, ou seja, R2 em todas as fases de crescimento.

Quadro 7: Altura periódica das plantas (cm) influenciada por vários tratamentos

Tratamentos	Dias após a sementeira				Na colheita
	20	40	60	80	
Práticas de mobilização do solo (T)					
Ti-Zero lavoura	6.14	16.44	67.49	75.66	76.54
T2- Lavoura reduzida	6.51	19.03	72.41	82.35	83.52
T3- Lavoura convencional	6.23	18.59	71.36	80.58	81.72
S.E. ±	0.16	0.69	1.28	1.72	1.57
C.D. a 5%	NS	2.06	3.84	5.16	4.72
Gestão de resíduos (R)					
R1- resíduos de culturas @ 2,5t/ha	6.24	16.47	68.78	78.03	79.15
R2- resíduos de culturas @ 5t/ha	6.34	19.51	73.08	82.56	83.97
R3- resíduos de culturas @ 2,5t/ha + consórcios @ 5kg/ha	6.29	16.82	69.66	78.96	80.10
R4- resíduos de culturas @ 5t/ha + consórcios @ 5kg/ha	6.41	20.43	74.34	84.29	85.70
R5- sem resíduos de culturas (controlo)	6.19	15.86	65.26	73.81	74.88
S.E. ±	0.24	1.18	1.05	1.49	0.71
C.D. a 5%	NS	NS	3.14	4.47	2.13
Interação (T x R)					
S.E. ±	0.42	2.04	1.86	2.65	1.26
C.D. a 5%	NS	NS	NS	NS	NS
G. média	**6.30**	**18.02**	**70.42**	**79.53**	**80.76**

Efeito de interação (Lavoura x Gestão de resíduos)

O efeito de interação entre as práticas de lavoura e a gestão dos resíduos de culturas para a altura média das plantas foi considerado não significativo em todas as fases de crescimento.

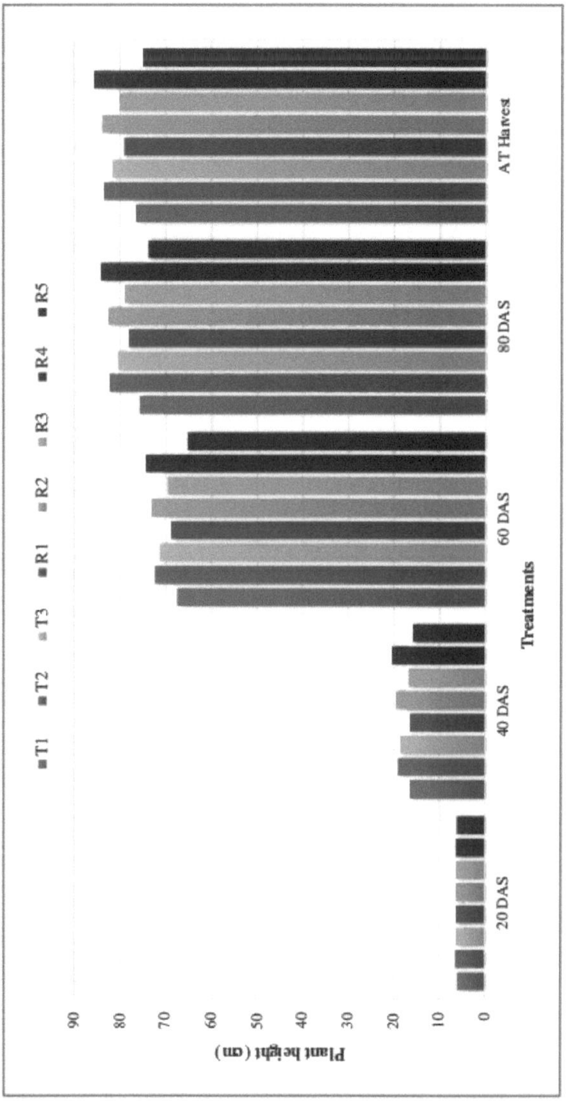

Fig. 3: Altura periódica da planta (cm) influenciada por vários tratamentos

4.2.2 Número de folhas funcionais da planta^{-1}

Os dados relativos ao número médio de folhas funcionais por planta de trigo, influenciados por vários tratamentos em todas as fases de crescimento, são evidentes no quadro 8 e representados graficamente na figura 4. Os dados apresentados no quadro revelam que o número de folhas funcionais por planta aumentou até aos 60 DAS e diminuiu depois disso devido à senescência das folhas. O número médio de folhas funcionais por planta^{-1} registado aos 20 DAS, 40 DAS, 60 DAS e 80 DAS foi de 6,57, 10,02, 12,12 e 8,91 respetivamente.

Efeito das práticas de mobilização do solo (T)

O número médio de folhas funcionais por planta foi significativamente influenciado pelas diferentes práticas de lavoura em todas as fases de crescimento da cultura, exceto aos 20 DAS.

Aos 40,60 e 80 DAS foi registado um número significativamente máximo de folhas funcionais por planta com lavoura reduzida e foi superior à lavoura zero.

Tabela 8: Número periódico de folhas funcionais da planta^{-1} influenciado por vários tratamentos

Tratamentos	Dias após a sementeira			
	20	40	60	80
Práticas de mobilização do solo (T)				
Ti-Zero lavoura	5.69	9.33	11.57	8.02
T2- Lavoura reduzida	7.51	10.67	12.59	9.58
T3- Lavoura convencional	6.52	10.06	12.20	9.14
S.E. ±	0.46	0.21	0.19	0.37
C.D. a 5%	NS	0.63	0.57	1.09
Gestão de resíduos (R)				
R1- resíduos de culturas @ 2,5t/ha	6.44	9.21	11.80	8.66
R2- resíduos de culturas @ 5t/ha	6.79	10.59	12.91	9.49
R3- resíduos de culturas @ 2,5t/ha + consórcios @ 5kg/ha	6.48	9.76	12.05	8.74
R4- resíduos de culturas @ 5t/ha + consórcios @ 5kg/ha	7.25	10.82	13.10	9.83
R5- sem resíduos de culturas (controlo)	5.89	9.72	10.73	7.85
S.E. ±	0.31	0.43	0.27	0.24
C.D. a 5%	NS	NS	0.78	0.69
Interação (T x R)				
S.E. ±	0.54	0.74	0.47	0.41
C.D. a 5%	NS	NS	NS	NS
G. média	**6.57**	**10.02**	**12.12**	**8.91**

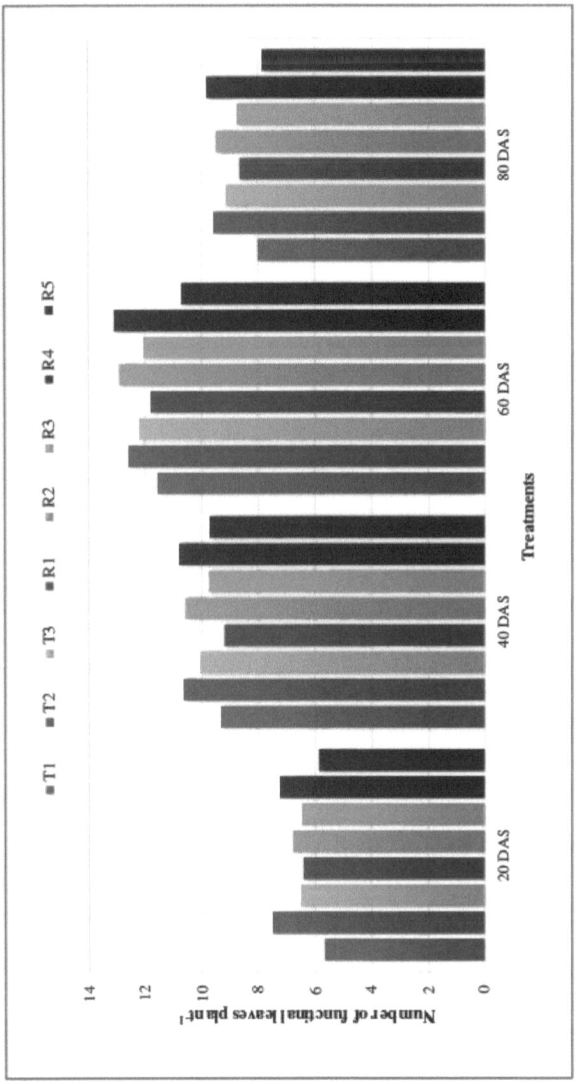

Fig 4: Número periódico de folhas funcionais da planta[1] influenciado por vários tratamentos

Efeito da gestão dos resíduos (R)

O efeito da gestão dos resíduos no número médio de folhas funcionais foi significativo em todas as fases de crescimento, exceto aos 20 e 40 DAS.

Os dados relativos à gestão de resíduos revelaram que a aplicação de resíduos de culturas @ 5t/ha + consórcios @ 5kg/ha, ou seja, R4, registou um número significativamente mais elevado de folhas do que o resto dos tratamentos aos 60, 80 e na colheita. No entanto, foi encontrado a par com o resíduo de cultura @ 5t/ha, ou seja, R2 nesses estágios de crescimento.

Efeito de interação (Lavoura x Gestão de resíduos)

O efeito de interação entre as práticas de lavoura e a gestão dos resíduos de culturas para o número médio de folhas funcionais foi considerado não significativo em todas as fases de crescimento.

4.2.3 Área foliar (dm^2) da $planta^{-1}$

Os dados relativos à área foliar média (dm^2) por planta de trigo mourisco influenciada por diferentes tratamentos em vários estádios de crescimento são apresentados no Quadro 9 e representados graficamente na Fig.5. Os dados apresentados na tabela revelam que a área foliar por planta aumentou até 60 DAS e diminuiu depois disso devido à senescência das folhas. A área foliar média por planta registada aos 20 DAS, 40 DAS, 60 DAS e 80 DAS foi de 1,34, 4,18, 5,81 e 3,45 respetivamente.

Efeito das práticas de mobilização do solo (T)

A área foliar média por planta foi significativamente influenciada por diferentes práticas de lavoura em todas as fases de crescimento da cultura, exceto aos 20 DAS.

Aos 40, 60 e 80 DAS, a área foliar média por planta com lavoura reduzida foi significativamente superior à lavoura zero e igual à lavoura convencional nesses estágios de crescimento.

Efeito da gestão dos resíduos (R)

O efeito da gestão dos resíduos na área foliar média por planta foi significativo em todas as fases de crescimento, exceto aos 20 e 40 DAS.

Os dados relativos à gestão de resíduos aos 60 e 80 DAS revelaram que a aplicação de resíduos de culturas @ 5t/ha + consórcios @ 5kg/ha, ou seja, R4 registou uma área foliar significativamente maior do que os restantes tratamentos. No entanto, foi encontrado a par com o resíduo de cultura @ 5t/ha, ou seja, R2 nestas fases de crescimento.

Tabela 9: Área foliar periódica da $planta^{-1}$ (dm^2) influenciada por vários tratamentos

Tratamentos	Dias após a sementeira			
	20	40	60	80
Práticas de mobilização do solo (T)				
Ti-Zero lavoura	1.15	3.81	5.38	3.09
T2- Lavoura reduzida	1.46	4.48	6.09	3.68
T3- Lavoura convencional	1.40	4.25	5.98	3.59
S.E. ±	0.12	0.12	0.18	0.09
C.D. a 5%	NS	0.36	0.55	0.28
Gestão de resíduos (R)				
R1- resíduos de culturas @ 2,5t/ha	1.13	3.80	5.63	3.22
R2- resíduos de culturas @ 5t/ha	1.59	4.62	6.28	3.86
R3- resíduos de culturas @ 2,5t/ha	1.29	4.12	5.65	3.25

+ consórcios @ 5kg/ha				
R4- resíduos de culturas @ 5t/ha + consórcios @ 5kg/ha	1.82	4.96	6.54	4.10
R5- sem resíduos de culturas (controlo)	0.86	3.40	4.98	2.85
S.E. ±	0.24	0.50	0.21	0.11
C.D. a 5%	NS	NS	0.61	0.33
Interação (T x R)				
S.E. ±	0.42	0.87	0.37	0.20
C.D. a 5%	NS	NS	NS	NS
G. média	**1.34**	**4.18**	**5.81**	**3.45**

Efeito de interação (Lavoura x Gestão de resíduos)

O efeito de interação entre as práticas de lavoura e a gestão dos resíduos de culturas para a área foliar média por planta foi considerado não significativo em todas as fases de crescimento.

4.2.4 Planta de acumulação de matéria seca^{-1} (g)

Os dados relativos à acumulação média de matéria seca por planta de trigo foram significativamente influenciados pelos diferentes tratamentos em vários estádios de crescimento, como é evidente no quadro 10 e representado graficamente na figura 6. A taxa de acumulação de matéria seca foi lenta inicialmente até 20 DAS, muito rápida entre 40 e 60 DAS e depois aumentou a uma taxa decrescente até à colheita. A acumulação média de matéria seca por planta registada no trigo aos 20 DAS, 40 DAS, 60 DAS, 80 DAS e na colheita foi de 0,73, 2,44, 4,53, 5,77 e 6,52 g, respetivamente.

Efeito das práticas de mobilização do solo (T)

A acumulação média de matéria seca por planta foi significativamente influenciada pelas diferentes práticas de lavoura em todas as fases de crescimento da cultura, exceto aos 20 DAS.

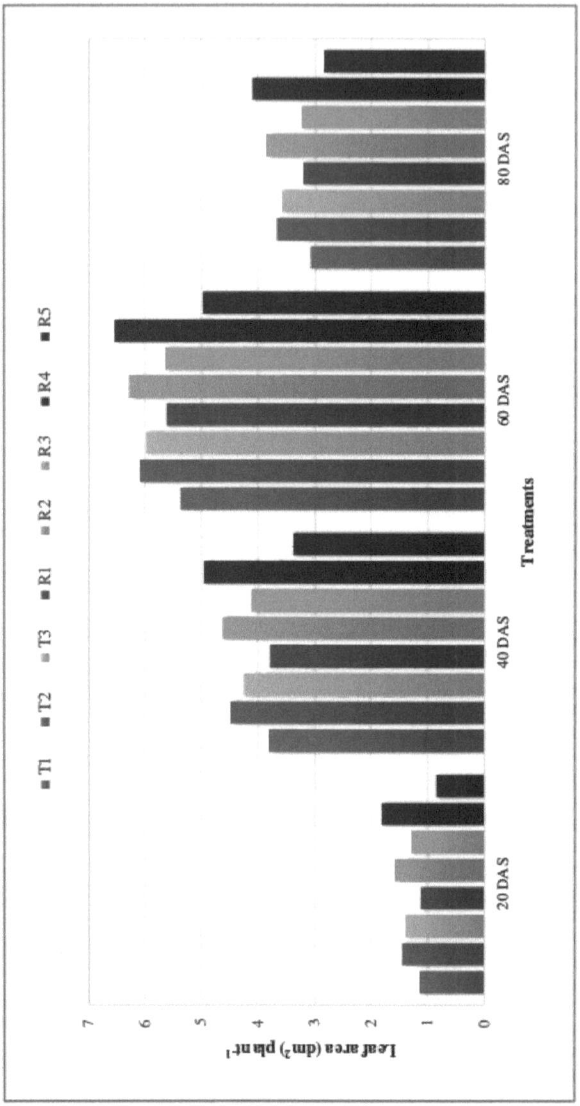

Fig 5: Área foliar periódica da planta[1] (dm^2) influenciada por vários tratamentos

Aos 40, 60 e 80 DAS foi registada uma acumulação média de matéria seca por planta significativamente máxima com a lavoura reduzida e foi superior à lavoura zero. Da mesma forma, foi encontrado a par com a lavoura convencional em todos os estágios de crescimento.

Efeito da gestão dos resíduos (R)

O efeito da gestão dos resíduos na acumulação de matéria seca por planta foi significativo em todas as fases de crescimento, exceto aos 20 e 40 DAS.

Os dados relativos à gestão de resíduos aos 60 e 80 DAS revelaram que a aplicação de resíduos de culturas @ 5t/ha + consórcios @ 5kg/ha, ou seja, R4 registou uma acumulação significativamente maior de matéria seca por planta em relação ao resto do tratamento. No entanto, foi encontrado a par com o resíduo de cultura @ 5t/ha, ou seja, R2 nestes estágios de crescimento.

Tabela 10: Matéria seca periódica (g) da planta^{-1} influenciada por vários tratamentos

Tratamentos	Dias após a sementeira				
	20	**40**	**60**	**80**	**Na colheita**
Práticas de mobilização do solo (T)					
Ti-Zero lavoura	0.69	1.96	3.40	4.86	5.46
T2- Lavoura reduzida	0.79	2.86	5.48	6.54	7.38
T3- Lavoura convencional	0.71	2.51	4.72	5.91	6.72
S.E. ±	0.03	0.13	0.26	0.27	0.27
C.D. a 5%	NS	0.38	0.78	0.77	0.81
Gestão de resíduos (R)					
R1- resíduos de culturas @ 2,5t/ha	0.69	2.14	3.95	5.47	5.97
R2- resíduos de culturas @ 5t/ha	0.76	2.95	5.48	6.27	7.25
R3- resíduos de culturas @ 2,5t/ha + consórcios @ 5kg/ha	0.74	2.35	4.36	5.60	6.54
R4- resíduos de culturas @ 5t/ha + consórcios @ 5kg/ha	0.78	3.06	5.80	6.64	7.72
R5- sem resíduos de culturas (controlo)	0.67	1.71	3.07	4.87	5.11
S.E. ±	0.05	0.36	0.19	0.16	0.24
C.D. a 5%	NS	NS	0.56	0.47	0.69
Interação (T x R)					
S.E. ±	0.08	0.62	0.33	0.28	0.41
C.D. a 5%	NS	NS	NS	NS	NS
G. média	**0.73**	**2.44**	**4.53**	**5.77**	**6.52**

Efeito de interação (Lavoura x Gestão de resíduos)

O efeito de interação entre as práticas de lavoura e a gestão de resíduos de culturas para a acumulação média de matéria seca por planta foi considerado não significativo em todas as fases de crescimento.

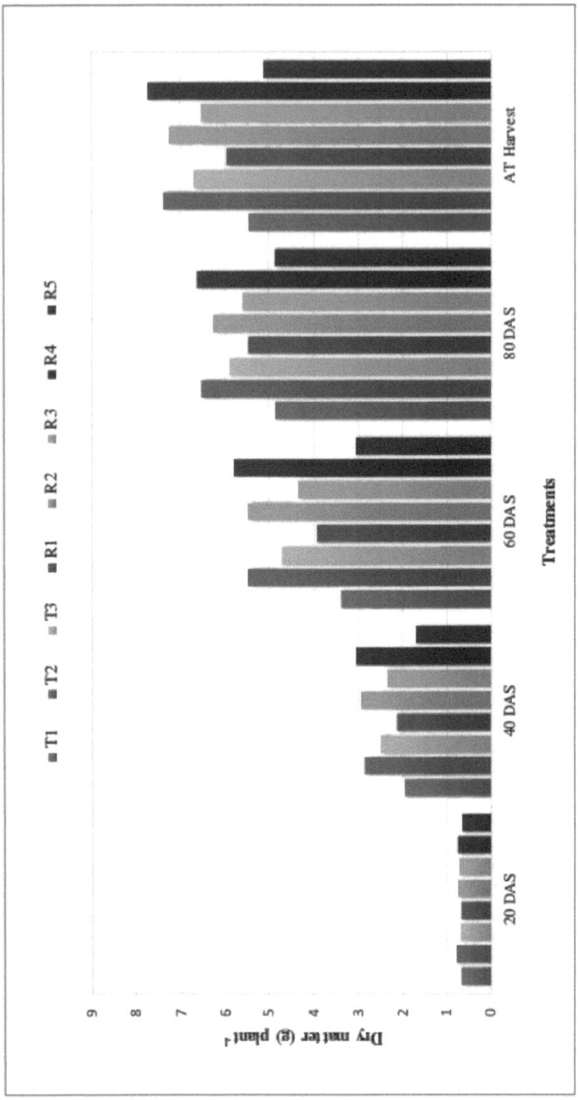

Fig 6: Matéria seca periódica (g) da planta[1] influenciada por vários tratamentos

4.2.5 Número médio de perfilhos por planta^{-1}

Os dados relativos ao número médio de perfilhos por planta foram influenciados significativamente por diferentes tratamentos em vários estágios de crescimento e são apresentados na Tabela 11 e representados graficamente na Fig. 7.

Os dados apresentados na tabela revelaram que o número médio de perfilhos por planta foi máximo aos 40 DAS e depois diminuiu com o avanço da idade da cultura e atingiu o mínimo na colheita. O número médio de perfilhos por planta registrado aos 60, 80 e 100 DAS e na colheita foram 3.38, 2.60, 2.36, 2.14 e 2.14 respetivamente.

Efeito das práticas de lavoura (T)

O número médio de perfilhos por planta foi significativamente influenciado pelas práticas de lavoura em todos os estágios de crescimento da cultura, exceto aos 40 DAS.

Aos 60, 80 e 100 DAS e na colheita, o número médio de perfilhos por planta com lavoura reduzida foi significativamente maior do que a lavoura zero, mas, sendo igual à lavoura convencional nesses estágios de crescimento.

Tabela 11: Número periódico de perfilhos da planta^{-1} influenciado por vários tratamentos

Tratamentos	Dias após a sementeira				Na colheita
	40	60	80	100	
Práticas de mobilização do solo (T)					
T1-Zero lavoura	3.03	2.23	2.11	1.72	1.72
T2- Lavoura reduzida	3.67	2.93	2.59	2.43	2.43
T3- Lavoura convencional	3.45	2.65	2.39	2.26	2.26
S.E. ±	0.15	0.12	0.08	0.10	0.10
C.D. a 5%	NS	0.35	0.24	0.40	0.40
Gestão de resíduos (R)					
R1- resíduos de culturas @ 2,5t/ha	3.06	2.37	2.23	1.93	1.93
R2- resíduos de culturas @ 5t/ha	3.72	2.97	2.66	2.52	2.52
R3- resíduos de culturas @ 2,5t/ha + consórcios @ 5kg/ha	3.20	2.60	2.20	2.09	2.09
R4- resíduos de culturas @ 5t/ha + consórcios @ 5kg/ha	3.91	3.12	2.82	2.65	2.65
R5- sem resíduos de culturas (controlo)	3.04	1.96	1.90	1.49	1.49
S.E. ±	0.24	0.10	0.07	0.13	0.13
C.D. a 5%	NS	0.28	0.21	0.38	0.38
Interação (T x R)					
S.E. ±	0.42	0.17	0.13	0.23	0.23
C.D. a 5%	NS	NS	NS	NS	NS
G. média	**3.38**	**2.60**	**2.36**	**2.14**	**2.14**

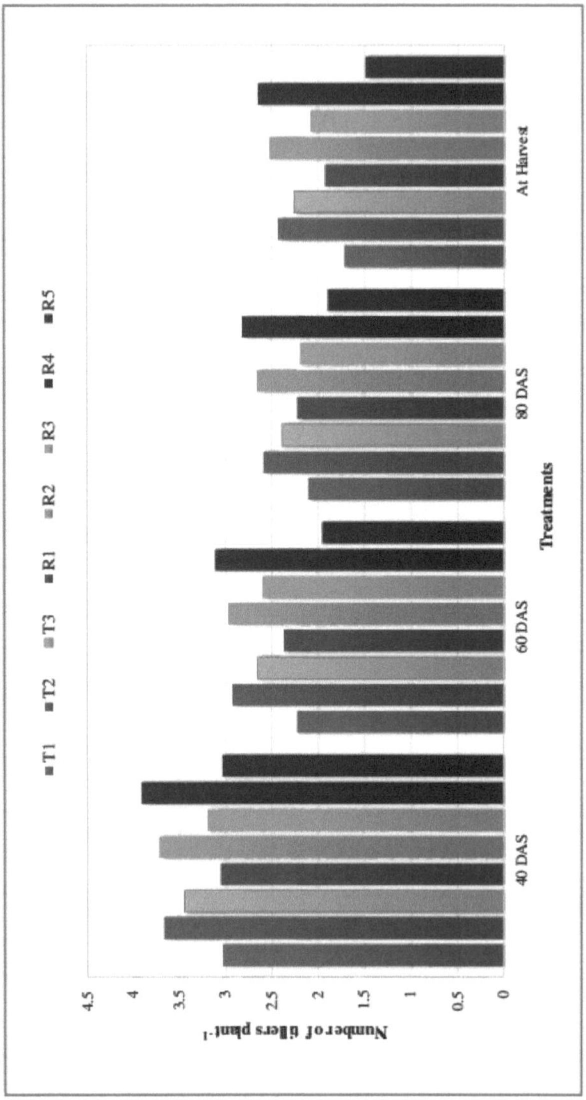

Fig 7: Número periódico de perfilhos da planta[1] influenciado por vários tratamentos

Efeito da gestão dos resíduos (R)

O efeito da gestão de resíduos no número de perfilhos por planta foi significativo em todas as fases de crescimento, exceto aos 40 DAS.

Os dados relativos à gestão de resíduos aos 60, 80 e 100 DAS e na colheita revelaram que a aplicação de resíduos de cultura @ 5t/ha + consórcios @ 5kg/ha, ou seja, R4, registou um número significativamente mais elevado de perfilhos do que o resto dos tratamentos. No entanto, foi encontrado a par com resíduo de cultura @ 5t/ha, ou seja, R2 nesses estágios de crescimento.

Efeito de interação (Lavoura x Gestão de resíduos)

O efeito de interação entre as práticas de lavoura e a gestão dos resíduos da cultura para o número médio de perfilhos por planta foi considerado não significativo em todas as fases de crescimento.

4.3 Análise de crescimento

Os dados relativos aos caracteres de crescimento do trigo, *nomeadamente* a altura da planta, a matéria seca e a área foliar por planta, foram posteriormente submetidos ao cálculo de diferentes funções de crescimento, *nomeadamente* AGR, RGR e LAI. As inferências foram efectuadas com base no valor médio.

4.3.1 Taxa de crescimento absoluto (TCA) para altura da planta (cm dia^{-1} planta)$^{-1}$

Os dados relativos à AGR para altura (cm dia^{-1} planta^{-1}) sob diferentes tratamentos em vários estágios de crescimento são apresentados na Tabela 12 e representados graficamente na Fig.8. O valor médio de AGR para a altura registado a 0-20, 21-40, 41-60, 6180 e 81-At harvest foi de 0.315, 0.580, 2.620, 0.462 e 0.0 58 cm dia^{-1} planta^{-1} respetivamente. A taxa de crescimento absoluto para altura aumentou rapidamente entre 0-60 DAS, depois a taxa de crescimento diminuiu lentamente até a colheita.

Efeito da prática de lavoura (T)

As práticas de lavoura mostraram que a AGR para a altura da planta foi máxima na lavoura reduzida do que na convencional e na lavoura zero desde a muda até a colheita.

Efeito da gestão dos resíduos (R)

Os dados relativos à gestão de resíduos revelaram que o valor AGR para a altura da planta com a aplicação de resíduos de culturas @ 5t/ha + consórcios @ 5kg/ha, ou seja, R4 foi registado ao máximo em comparação com o resto dos tratamentos ao longo do período de crescimento da cultura.

Tabela 12: Taxa média de crescimento absoluto (TCA) para altura da planta (cm dia^{-1} planta^{-1}) influenciada por vários tratamentos em vários estágios de crescimento

Tratamentos	Dias após a sementeira				81-Na colheita
	0-20	21-40	41-60	61-80	

Práticas de mobilização do solo (T)					
Ti-Zero lavoura	0.307	0.515	2.553	0.409	0.043
T2- Lavoura reduzida	0.326	0.626	2.669	0.498	0.057
T3-Alavoura convencional	0.312	0.618	2.639	0.462	0.056
Gestão de resíduos (R)					
Ri- resíduo de cultura @ 2,5t/ha	0.312	0.511	2.616	0.463	0.056
R2- resíduos de culturas @ 5t/ha	0.317	0.659	2.678	0.474	0.070
R3- resíduos de culturas @ 2,5t/ha + consórcios @ 5kg/ha	0.315	0.527	2.642	0.465	0.057
R4- resíduos de culturas @ 5t/ha + consórcios @ 5kg/ha	0.321	0.701	2.695	0.498	0.071
R5-sem resíduos de culturas (controlo)	0.310	0.483	2.470	0.427	0.054
G. média	**0.315**	**0.580**	**2.620**	**0.462**	**0.0 58**

4.3.2 Taxa de crescimento absoluto (TCA) para matéria seca (g planta^{-1} dia)$^{-1}$

Os dados sobre AGR para matéria seca (g planta^{-1} dia^{-1}) sob diferentes tratamentos em vários estágios de crescimento são apresentados na Tabela 13 e representados graficamente na Fig.9. O valor médio de AGR para matéria seca registado aos 0-20, 21-40, 41-60, 61-80 e 81-At harvest foi de 0.032, 0.086, 0.104, 0.062 e 0.025 g planta^{-1} dia^{-1} respetivamente. A taxa de crescimento absoluto da matéria seca foi lenta até 0-20 dias, aumentou a uma taxa mais rápida a partir de 20-60 dias e depois aumentou em ordem decrescente até a colheita.

Efeito da prática de lavoura (T)

A prática de lavoura mostrou que a AGR para matéria seca foi observada no máximo na lavoura reduzida do que na lavoura convencional e zero da muda à colheita.

Efeito da gestão dos resíduos (R)

Os dados relativos à gestão dos resíduos revelaram que o valor AGR para

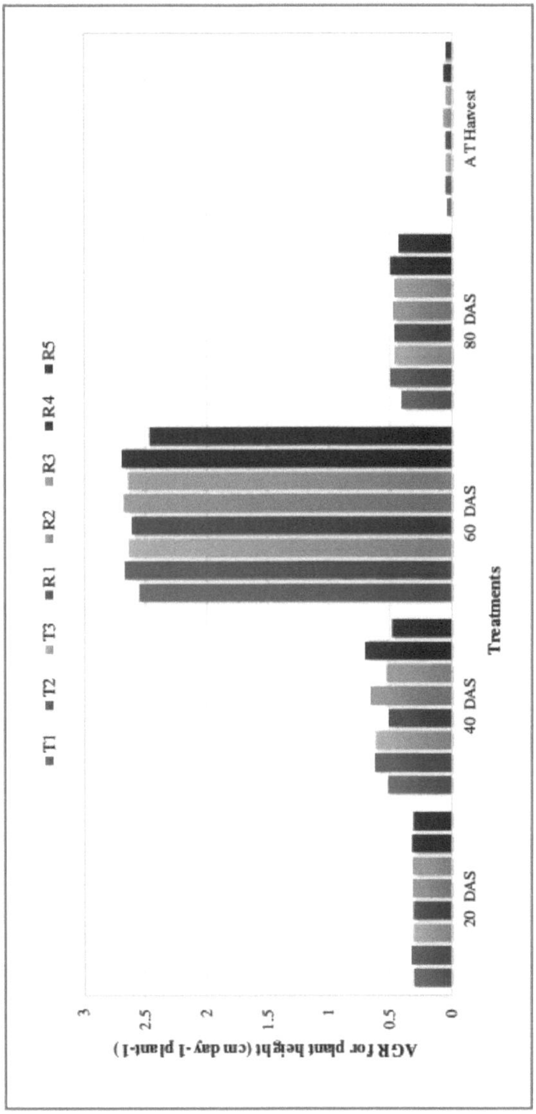

Fig 8: Taxa média de crescimento absoluto (TCA) para altura da planta (cm dia^{1} planta^{1}) influenciada por vários tratamentos em vários estágios de crescimento

registou o máximo em comparação com os restantes tratamentos durante o período de crescimento da cultura.

Tabela 13: Taxa média de crescimento absoluto (TCA) para matéria seca (g dia^{-1} planta^{-1}) influenciada por vários tratamentos em vários estágios de crescimento

Tratamentos	Dias após a sementeira	81-Na

	0-20	21-40	41-60	61-80	colheita
Práticas de mobilização do solo (T)					
Ti-Zero lavoura	0.034	0.063	0.072	0.073	0.020
T2- Lavoura reduzida	0.039	0.104	0.131	0.053	0.028
T3-Alavoura convencional	0.035	0.090	0.110	0.059	0.027
Gestão de resíduos (R)					
Ri- resíduo de cultura @ 2,5t/ha	0.035	0.072	0.091	0.076	0.017
R2- resíduos de culturas @ 5t/ha	0.038	0.110	0.126	0.040	0.033
R3- resíduos de culturas @ 2,5t/ha + consórcios @ 5kg/ha	0.037	0.080	0.100	0.062	0.031
R4- resíduos de culturas @ 5t/ha + consórcios @ 5kg/ha	0.039	0.114	0.137	0.042	0.036
R5- sem resíduos de culturas (controlo)	0.033	0.052	0.068	0.090	0.008
G. média	**0.032**	**0.086**	**0.104**	**0.062**	**0.025**

4.3.3 Taxa de crescimento relativo (RGR) para a matéria seca ($g\ g^{-1}$ dia $)^{-1}$

Os dados sobre o RGR para matéria seca ($g\ g^{-1}$ dia^{-1}) sob diferentes tratamentos em vários estágios de crescimento são apresentados na Tabela 14 e representados graficamente na Fig.10.

O valor médio de RGR para matéria seca registado em 0-20, 21-40, 41-60, 61-80 e 81-At harvest foi de 0.0161, 0.063, 0.032, 0.014 e 0.006 $g\ g^{-1}$ dia^{-1} respetivamente. O valor médio máximo de RGR para matéria seca por planta foi durante 21-40 DAS, depois a taxa de crescimento diminuiu lentamente até a colheita.

Efeito da prática de lavoura (T)

Entre as várias práticas de lavoura, a RGR máxima para matéria seca por planta foi observada no máximo na lavoura reduzida do que na lavoura convencional e zero da muda à colheita.

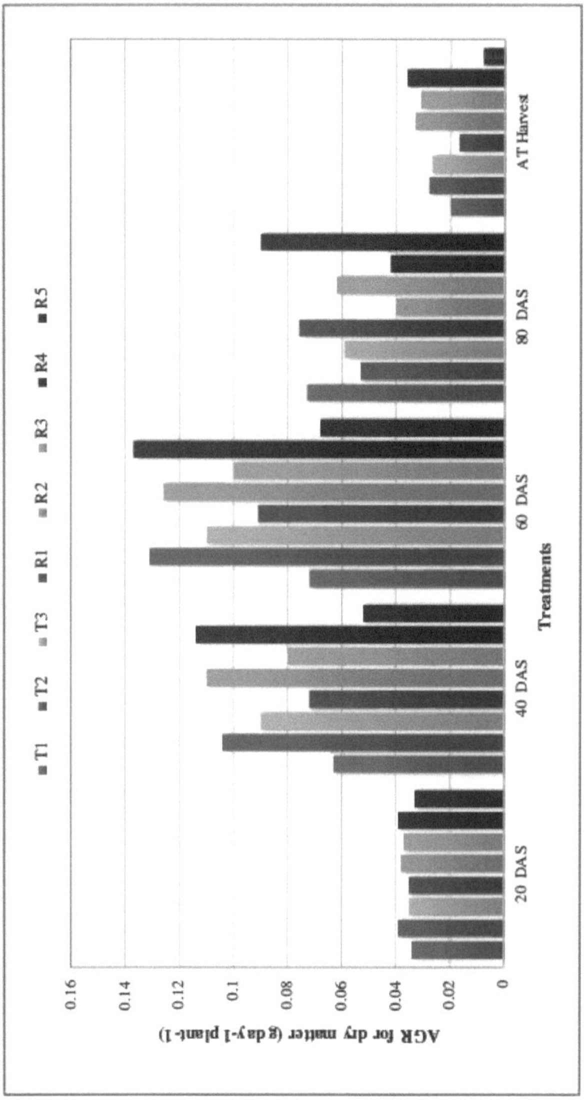

Fig. 9: Taxa média de crescimento absoluto (TCA) para matéria seca (g dia^{1} planta^{1}) influenciada por vários tratamentos em vários estágios de crescimento

Tabela 14: Taxa média de crescimento relativo (RGR) para matéria seca (g g^{-1} dia^{-1}) influenciada por vários tratamentos em vários estágios de crescimento

Tratamentos	Dias após a sementeira				81-Na colheita
	0-20	21-40	41-60	61-80	
Práticas de mobilização do solo (T)					
Ti-Zero lavoura	0.0188	0.055	0.029	0.019	0.006

T2- Lavoura reduzida	0.0120	0.068	0.034	0.009	0.006
T3-Alavoura convencional	0.0174	0.067	0.033	0.012	0.006
Gestão de resíduos (R)					
Ri- resíduo de cultura @ 2,5t/ha	0.0185	0.059	0.032	0.017	0.004
R2- resíduos de culturas @ 5t/ha	0.0139	0.072	0.033	0.007	0.007
R3- resíduos de culturas @ 2,5t/ha + consórcios @ 5kg/ha	0.0152	0.061	0.033	0.013	0.008
R4- resíduos de culturas @ 5t/ha + consórcios @ 5kg/ha	0.0124	0.072	0.034	0.007	0.008
R5- sem resíduos de culturas (controlo)	0.0204	0.050	0.031	0.024	0.002
G. média	**0.0161**	**0.063**	**0.032**	**0.014**	**0.006**

Efeito da gestão dos resíduos (R)

Os dados relativos à gestão de resíduos revelaram que o valor RGR para a matéria seca com a aplicação de resíduos de culturas @ 5t/ha + consórcios @ 5kg/ha, ou seja, R4 foi registado ao máximo em comparação com o resto dos tratamentos durante o período de crescimento da cultura.

4.3.4 Índice de área foliar da planta^{-1} (LAI)

Os dados relativos ao índice médio de área foliar por planta do trigo foram influenciados significativamente pelos diferentes tratamentos em vários estádios de crescimento, conforme apresentado no Quadro 15 e representado graficamente na Fig.11.

O valor médio do índice de área foliar por planta registado em 0-20, 21-40, 41-60 e 61-80 foi de 0,594, 1,858, 2,584 e 1,535, respetivamente.

Efeito da prática de lavoura (T)

O índice de área foliar mais elevado aumentou rapidamente entre 20-60 DAS, depois a taxa de crescimento diminuiu lentamente até à colheita. O LAI máximo por planta foi de

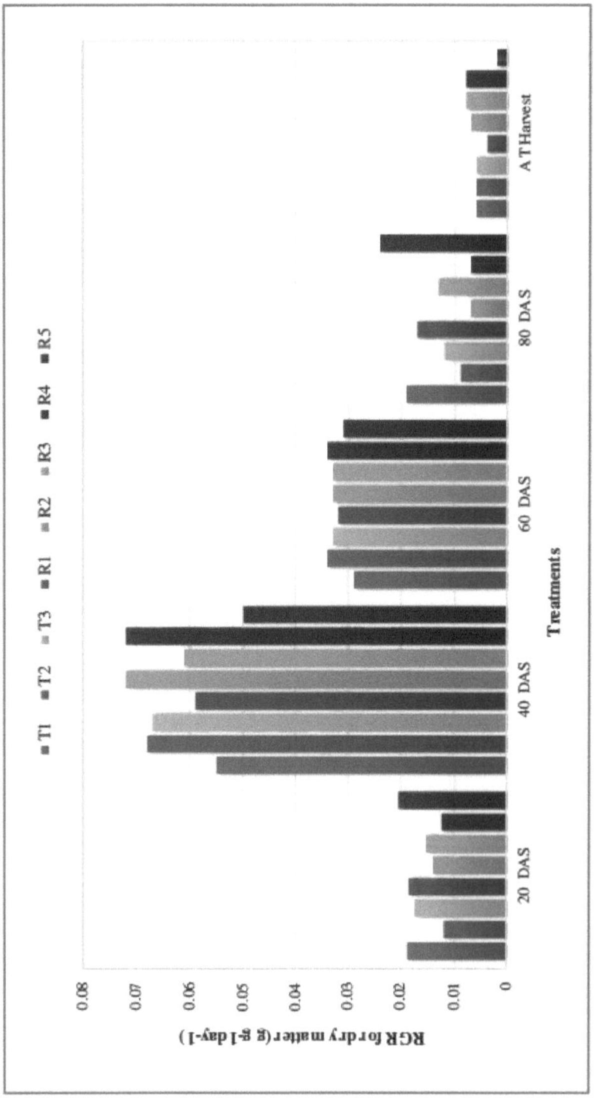

Fig 10: Taxa média de crescimento relativo (RGR) para matéria seca (g g'May[1]) influenciada por vários tratamentos em várias fases de crescimento

observados na lavoura reduzida do que na lavoura convencional e na lavoura zero, desde a muda até a colheita.

Tabela 15: Índice de área foliar (IAF) influenciado por vários tratamentos em vários estágios de crescimento

Tratamentos	Dias após a sementeira			
	0-20	21-40	41-60	61-80
Práticas de mobilização do solo (T)				

Ti-Zero lavoura	0.511	1.692	2.389	1.374
T2- Lavoura reduzida	0.648	1.993	2.707	1.636
T3- Lavoura convencional	0.622	1.890	2.657	1.594
Gestão de resíduos (R)				
Ri- resíduos de culturas @ 2,5t/ha	0.501	1.688	2.504	1.431
R2- resíduos de culturas @ 5t/ha	0.705	2.052	2.790	1.714
R3- resíduos de culturas @ 2,5t/ha + consórcios @ 5kg/ha	0.572	1.832	2.510	1.444
R4- resíduos de culturas @ 5t/ha + consórcios @ 5kg/ha	0.810	2.206	2.907	1.821
R5- sem resíduos de culturas (controlo)	0.381	1.512	2.212	1.265
G. média	**0.594**	**1.858**	**2.584**	**1.535**

Efeito da gestão dos resíduos (R)

No caso da gestão de resíduos de culturas, a aplicação de resíduos de culturas @ 5t/ha + consórcios @ 5kg/ha, ou seja, R4 registou um LAI máximo em todas as fases de crescimento das culturas do que os restantes tratamentos com resíduos de culturas.

4.4 Estudos pós-colheita

Os dados sobre os estudos pós-colheita *viz.*, Comprimento da panícula (cm), Número de panículas de grãos^{-1}, Número de panículas de plantas^{-1}, Peso de grãos de plantas^{-1} (g) e Peso de teste de plantas^{-1} (g) estão representados na Tabela 16.

4.4.1 Comprimento da panícula (cm)

Os dados relativos ao comprimento da panícula por planta de trigo, influenciados significativamente por diferentes práticas de lavoura e gestão de resíduos de culturas, são apresentados no Quadro 16 e representados graficamente na Fig.12. O valor médio do comprimento da panícula foi de 8,47 cm.

Efeito da prática de lavoura (T)

O comprimento da panícula do trigo foi significativamente influenciado por diferentes

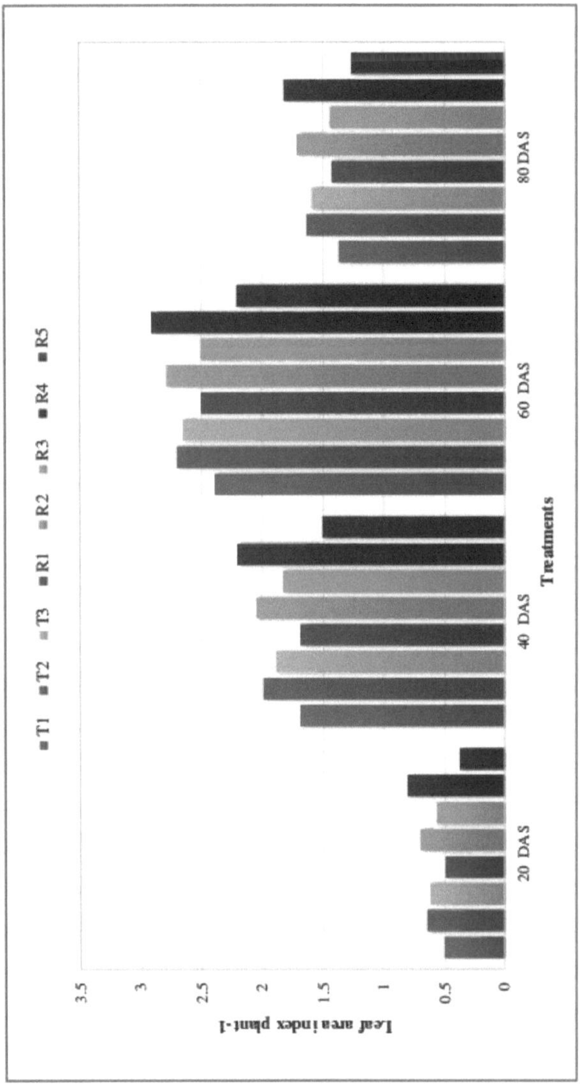

Fig 11: Índice de área foliar (LAI) influenciado por vários tratamentos em vários estágios de crescimento

do que o cultivo convencional e o cultivo zero. No entanto, foi considerado significativamente superior ao plantio direto e igual ao plantio convencional.

Efeito da gestão dos resíduos (R)

Os dados relativos à gestão de resíduos revelaram que a aplicação de resíduos de culturas @ 5t/ha + consórcios @ 5kg/ha, ou seja, R4, registou um comprimento de panícula significativamente mais elevado do que o resto dos tratamentos com resíduos de culturas, o que foi encontrado a par com os resíduos de culturas @ 5t/ha, ou seja, R2.

Efeito de interação (Lavoura x Gestão de resíduos)

O efeito de interação entre as práticas de lavoura e a gestão de resíduos de culturas para o comprimento da panícula por planta foi considerado não significativo.

Quadro 16: Atributos de rendimento do trigo influenciados por vários tratamentos

Tratamentos	Comprimento da panícula (cm)	Número de grãos por panícula^{-1}	N.º de panículas planta^{-1}	Peso do grão da planta^{-1} (g)	Peso de ensaio. (g) (1000 sementes)
Práticas de mobilização do solo (T)					
T1-Zero lavoura	7.85	40.80	1.71	2.35	34.55
T2-Alavoura reduzida	8.91	43.39	2.43	2.78	35.54
T3-Alavoura convencional	8.66	42.75	2.26	2.68	34.87
S.E. ±	0.26	0.64	0.06	0.09	1.30
C.D. a 5%	0.80	NS	0.24	0.27	NS
Gestão de resíduos (R)					
R1- resíduo de cultura @ 2,5t/ha	7.93	41.48	1.93	2.54	34.27
R2- resíduos de culturas @ 5t/ha	9.15	44.87	2.51	2.86	35.92
R3- resíduos de culturas @ 2,5t/ha + consórcios @ 5kg/ha	8.14	40.87	2.09	2.50	34.50
R4- resíduos de culturas @ 5t/ha + consórcios @ 5kg/ha	9.77	45.40	2.64	2.91	36.33
R5- sem resíduos de culturas (controlo)	7.37	38.95	1.49	2.19	33.91
S.E. ±	0.19	0.82	0.11	0.10	1.09
C.D. a 5%	0.54	NS	0.32	0.30	NS
Interação (T x R)					
S.E. ±	0.32	1.42	0.19	0.18	1.88
C.D. a 5%	NS	NS	NS	NS	NS
G. média	**8.47**	**42.32**	**2.13**	**2.60**	**34.99**

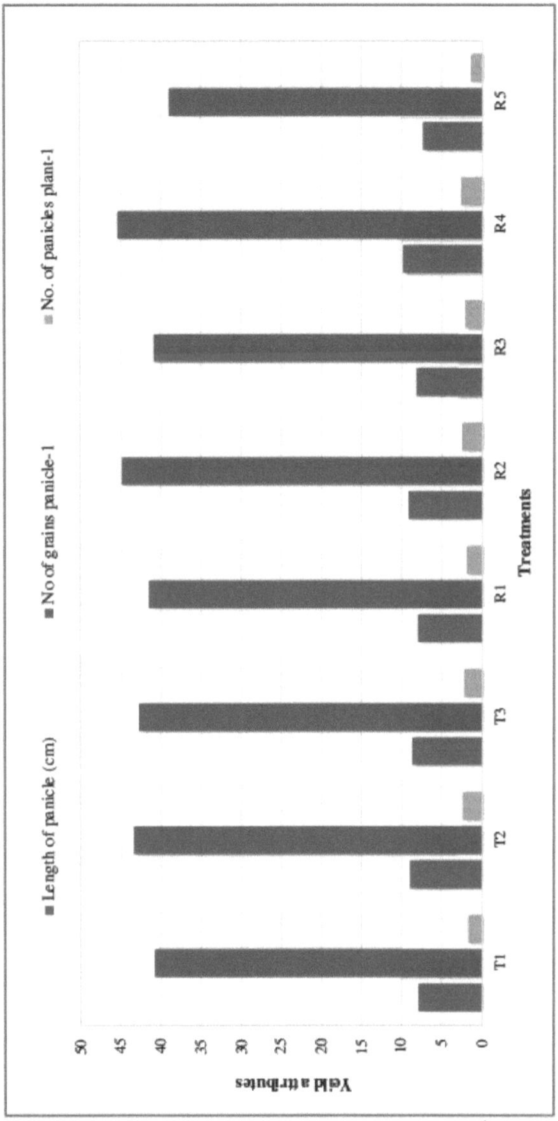

Fig. 12: Comprimento da panícula (cm), número de grãos da panícula^{1} e número de panículas da planta^{1} de trigo sob a influência de vários tratamentos

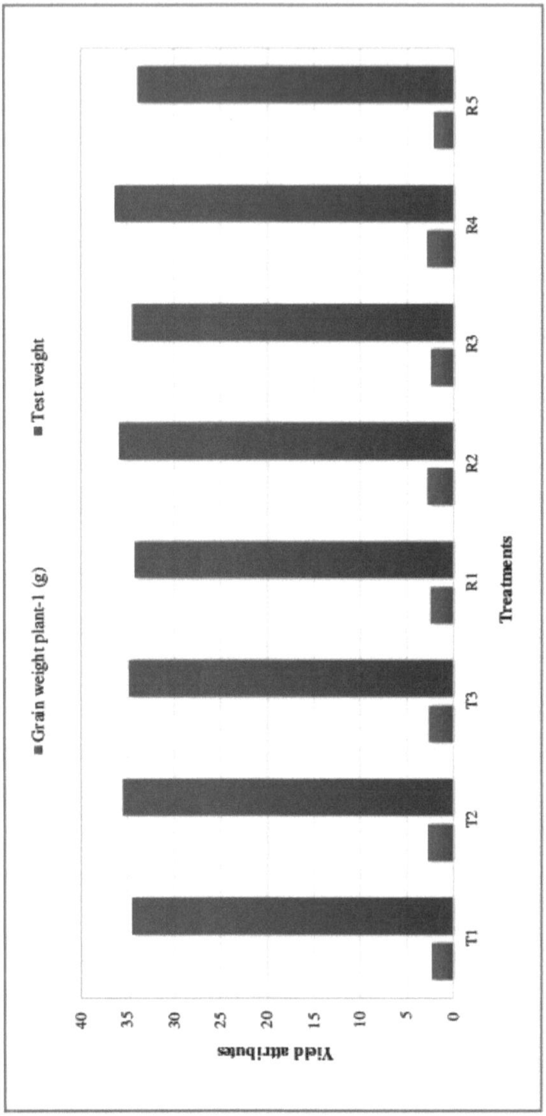

Fig 13: Peso do grão[1] (g) e peso do teste (g) (1000 sementes) de trigo influenciado por vários tratamentos

4.4.2 Número de grãos por panícula^{-1}

Os dados relativos ao número de grãos por panícula de trigo não foram influenciados por diferentes práticas de lavoura e gestão de resíduos de culturas são apresentados na Tabela 16 e representados graficamente na Fig.12. Embora o número de grãos por panícula seja considerado como um carácter genético, raramente se altera. O valor médio do número de grãos por panícula^{-1} foi de 42,32.

Efeito da prática de lavoura (T)

O número de grãos por panícula de trigo não foi influenciado por diferentes práticas de lavoura. No entanto, numericamente, o maior número de grãos por panícula^{-1} foi observado na lavoura reduzida do que na lavoura convencional e zero.

Efeito da gestão dos resíduos (R)

Os dados relativos à gestão de resíduos revelaram que o número de grãos por panícula de trigo não foi influenciado pela gestão de resíduos de culturas diferentes. No entanto, numericamente, a aplicação de resíduos de culturas @ 5t/ha + consórcios @ 5kg/ha, ou seja, R4 registou o número máximo de grãos por panícula do que os restantes tratamentos com resíduos de culturas.

Efeito de interação (Lavoura x Gestão de resíduos)

O efeito de interação entre as práticas de lavoura e a gestão dos resíduos de culturas para o número médio de grãos por panícula e por planta não foi significativo.

4.4.3 Número de panículas da planta^{-1}

Os dados relativos ao número de panículas por planta de trigo, influenciados por diferentes práticas de lavoura e gestão de resíduos de culturas, são apresentados no Quadro 16 e representados graficamente na Fig.12. O valor médio do número de panículas por planta^{-1} foi de 2,13.

Efeito da prática de lavoura (T)

O número de panículas por planta de trigo foi significativamente influenciado por diferentes práticas de lavoura. O maior número de panículas por planta^{-1} foi observado na lavoura reduzida do que na lavoura convencional e zero. No entanto, foi significativamente superior ao plantio direto e igual ao plantio convencional.

Efeito da gestão dos resíduos (R)

Os dados relativos à gestão de resíduos revelaram que a aplicação de resíduos de culturas @ 5t/ha + consórcios @ 5kg/ha, ou seja, R4 registou o número máximo de panículas por planta do que o resto dos tratamentos de resíduos de culturas, que foi encontrado a par com os resíduos de culturas @ 5t/ha, ou seja, R2.

Efeito de interação (Lavoura x Gestão de resíduos)

O efeito de interação entre as práticas de lavoura e a gestão dos resíduos de culturas para o número médio de grãos por panícula e por planta não foi significativo.

4.4.4 Peso dos grãos da planta^{-1} (g)

Os dados relativos ao peso do grão por planta do trigo foram influenciados significativamente por diferentes práticas de lavoura e gestão de resíduos de culturas são apresentados no Quadro 16 e representados graficamente na Fig.13. O valor médio do peso do grão da planta^{-1} foi de 2,60 g.

Efeito da prática de lavoura (T)

O peso do grão por planta do trigo diferiu significativamente entre as diferentes práticas de lavoura. O maior peso de grãos por planta^{-1} foi observado na lavoura reduzida do que na lavoura convencional e zero. No entanto, foi considerado significativamente superior à lavoura zero e igual à lavoura convencional.

Efeito da gestão dos resíduos (R)

Os dados relativos à gestão de resíduos revelaram que a aplicação de resíduos de culturas @ 5t/ha + consórcios @ 5kg/ha, ou seja, R4, registou o peso máximo de grãos da planta^{-1} do que os restantes tratamentos com resíduos de culturas, estando ao mesmo nível que os resíduos de culturas @ 5t/ha, ou seja, R2.

Efeito de interação (Lavoura x Gestão de resíduos)

O efeito de interação entre as práticas de lavoura e a gestão dos resíduos de culturas para o peso dos grãos por planta não foi significativo.

4.4.5 Peso de ensaio (1000 grãos de peso g)

Os dados relativos ao peso de teste por planta de trigo não foram influenciados por diferentes práticas de lavoura e gestão de resíduos de culturas são apresentados no Quadro 16 e representados graficamente na Fig.13. Embora o peso de teste seja considerado como um carácter genético, raramente se altera. O valor médio do peso de teste (peso de 1000 grãos) foi de 34,99 g.

Efeito da prática de lavoura (T)

O peso de teste por planta do trigo não foi influenciado pelas diferentes práticas de lavoura. No entanto, numericamente, o maior peso de teste foi observado em

Efeito da gestão dos resíduos (R)

Os dados relativos à gestão de resíduos revelaram que o peso de 1000 grãos de trigo não foi influenciado pela gestão de resíduos de culturas diferentes. No entanto, numericamente, a aplicação de resíduos de culturas @ 5t/ha + consórcios @ 5kg/ha, ou seja, R4 registou o peso máximo de teste do que o resto do tratamento de resíduos de culturas **Efeito de interação (Lavoura x Gestão de resíduos)**

O efeito da interação entre as diferentes lavouras e a gestão dos resíduos de culturas para o peso de teste foi considerado não significativo.

4.5 Rendimento (kg ha)$^{-1}$

Os dados sobre o rendimento de grãos (kg ha^{-1}), rendimento de palha (kg ha^{-1}), rendimento biológico (kg ha^{-1}) e índice de colheita influenciados por diferentes práticas de lavoura e gestão de resíduos de culturas são apresentados no Quadro 17.

4.5.1 Rendimento de grãos (kg ha)$^{-1}$

Os dados relativos ao rendimento de grãos de trigo influenciados significativamente por diferentes práticas de lavoura e gestão de resíduos de culturas são apresentados na Tabela 17 e representados graficamente na Fig.14. O rendimento médio de grãos foi de 2005,31 kg ha .$^{-1}$

Efeito das práticas de lavoura (T)

O rendimento de grãos do trigo foi influenciado por diferentes práticas de lavoura. A lavoura reduzida (T2) registou um rendimento de grão significativamente superior (2207 kg ha^{-1}) em relação à lavoura zero (T1) (1775 kg ha^{-1}), mas foi encontrada a par com a lavoura convencional (T3) (2032 kg ha^{-1}).

Efeito da gestão dos resíduos (R)

Os dados relativos à gestão de resíduos revelaram que, entre todos os tratamentos de gestão de resíduos de culturas, a aplicação de resíduos de culturas @ 5t/ha + consórcios @ 5kg/ha (R4) registou um rendimento de grãos significativamente mais elevado (22303 kg ha^{-1}) em relação aos restantes tratamentos, mas foi estatisticamente igual ao resíduo de culturas @ 5t/ha (R2) (2235 kg ha^{-1}).

Efeito de interação (Lavoura x Gestão de resíduos)

O efeito de interação das práticas de lavoura e de gestão de resíduos para o rendimento de grãos de trigo foi considerado não significativo.

4.5.2 Rendimento da palha (kg ha)$^{-1}$

Os dados relativos ao rendimento de palha do trigo, influenciado significativamente por diferentes práticas de mobilização do solo e gestão dos resíduos da cultura, são apresentados no quadro 17 e

Quadro 17: Rendimento de grãos, palha e biológico influenciado por vários tratamentos

Tratamentos	Rendimento de grãos (kg ha)$^{-1}$	Rendimento da palha (kg ha)$^{-1}$	Rendimento biológico (kg ha)$^{-1}$	Índice de colheita (%)
Práticas de mobilização do solo (T)				
Ti-Zero lavoura	1775	2844	4620	38.07
T2- Lavoura reduzida	2207	3274	5482	40.60
T3-Alavoura convencional	2032	3121	5153	39.62
S.E. ±	82	99	161	-
C.D. a 5%	248	299	483	-

Gestão de resíduos (R)				
R1-resíduo de cultura @ 2,5t/ha	1877	2962	4839	38.85
R2-resíduos de culturas @ 5t/ha	2235	33905	5626	39.83
R3-resíduos de culturas @ 2,5t/ha + consórcios @ 5kg/ha	1998	3018	5016	39.77
R4-resíduos de culturas @ 5t/ha + consórcios @ 5kg/ha	2303	3465	5769	40.22
R5-sem resíduos de culturas (controlo)	1611	2562	4173	38.47
S.E. ±	69	122	153	-
C.D. a 5%	2031	368	460	-
Interação (T x R)				
S.E. ±	120	218	273	-
C.D. a 5%	NS	NS	NS	-
G. média	**2005**	**3080**	**5085**	**39.43**

Efeito das práticas de mobilização do solo (T)

O rendimento de palha do trigo influenciado por diferentes práticas de lavoura. No que diz respeito ao rendimento de palha, a lavoura reduzida (T2) registou um rendimento de palha significativamente superior 3274 kg ha^{-1}) em relação à lavoura zero (T1) (2844 kg ha^{-1}). No entanto, foi encontrado a par com a lavoura convencional (T3) (3121 kg ha^{-1}).

Efeito da gestão dos resíduos (R)

Os dados relativos à gestão de resíduos revelaram que, entre todos os tratamentos de gestão de resíduos de culturas, a aplicação de resíduos de culturas @ 5t/ha + consórcios @ 5kg/ha (R4) registou um rendimento de palha significativamente mais elevado (3465 kg ha^{-1}) em relação aos restantes tratamentos, mas foi estatisticamente igual ao resíduo de culturas @ 5t/ha (R2) (3390 kg ha^{-1}).

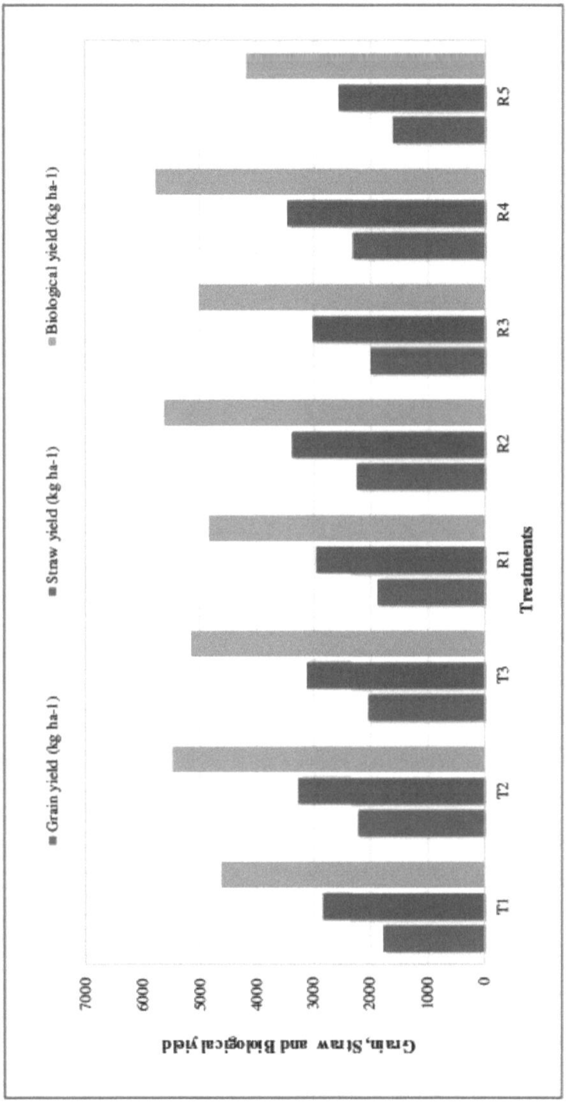

Fig. 14: Rendimento em grão, em palha e biológico influenciado por vários tratamentos

Efeito de interação (Lavoura x Gestão de resíduos)

O efeito de interação das práticas de mobilização e de gestão dos resíduos para o rendimento da palha não foi significativo.

4.5.3 Rendimento biológico (kg ha)$^{-1}$

Os dados relativos ao rendimento biológico do trigo, influenciados significativamente por diferentes práticas de lavoura e gestão de resíduos de culturas, são apresentados no Quadro 17 e representados graficamente na Fig.14. O rendimento biológico médio foi de 5085 kg ha .$^{-1}$

Efeito das práticas de lavoura (T)

O rendimento de palha do trigo influenciado por diferentes práticas de lavoura. A prática de lavoura reduzida (T2) registou um rendimento biológico significativamente superior (5482 kg ha^{-1}) em relação à lavoura zero (T1) (4620 kg ha^{-1}), mas foi encontrada a par com a lavoura convencional (T3) (5153 kg ha^{-1}).

Efeito da gestão dos resíduos (R)

Os dados relativos à gestão de resíduos revelaram que, entre todos os tratamentos de gestão de resíduos de culturas, a aplicação de resíduos de culturas @ 5t/ha + consórcios @ 5kg/ha (R4) registou um rendimento biológico significativamente mais elevado (5769 kg ha^{-1}) em relação aos restantes tratamentos, mas foi estatisticamente igual aos resíduos de culturas @ 5t/ha (5626 kg ha^{-1}) (R2).

Efeitos de interação (Lavoura x Gestão de resíduos)

O efeito de interação das práticas de lavoura e de gestão de resíduos para o rendimento biológico foi considerado não significativo.

4.5.4 Índice de colheita (%)

Os dados relativos ao índice de colheita do trigo influenciado por diferentes práticas de lavoura e gestão de resíduos de culturas são apresentados no Quadro 17. O índice de colheita médio foi de 39,43 %.

Efeito das práticas de mobilização do solo (T)

O índice de colheita do trigo influenciado por diferentes práticas de lavoura.

A prática de lavoura reduzida (T2) registou o índice de colheita máximo (40,60 %). Enquanto que o índice de colheita mais baixo foi observado com lavoura zero (T1) (38,07 %).

Efeito da gestão dos resíduos (R)

Os dados relativos à gestão de resíduos revelaram que, entre todos os tratamentos de gestão de resíduos de culturas, a aplicação de resíduos de culturas @ 5t/ha + consórcios @ 5kg/ha (R4) registou o índice de colheita mais elevado (40,22 %) do que os restantes tratamentos.

4.6 Propriedades do solo

Os dados sobre as propriedades do solo, como a humidade do solo e a densidade aparente, foram influenciados por diferentes práticas de lavoura e tratamentos de gestão de resíduos durante a experiência, foram registados periodicamente a intervalos regulares no período de crescimento da cultura e são apresentados nas rubricas apropriadas.

4.6.1 Teor de humidade do solo (%)

Os dados relativos ao teor de humidade do solo foram influenciados por diferentes práticas de lavoura e gestão de resíduos de culturas e são apresentados no Quadro 18 e representados graficamente na Fig.15.

Efeito das práticas de mobilização do solo (T)

O teor de humidade do solo foi influenciado por diferentes práticas de lavoura. A prática de lavoura reduzida (T2) registou o maior teor de humidade do solo seguido pelo tratamento de lavoura zero (T1), enquanto a lavoura convencional (T3) registou a humidade mais baixa em todos os intervalos de crescimento da cultura.

Quadro 18: Teor médio de humidade do solo (%) a 0-15 cm de profundidade influenciado por várias práticas de mobilização e tratamentos de gestão de resíduos de culturas no trigo

Tratamentos	Na sementeira			Tratamentos		
		20 DAS	40 DAS	60 DAS	80 DAS	Na colheita
Práticas de mobilização do solo (T)						
Ti-Zero lavoura	28.17	21.18	23.85	22.71	18.71	14.22
T2- Lavoura reduzida	27.54	23.45	27.89	25.82	21.77	17.61
T3-Alavoura convencional	26.87	20.56	22.15	20.79	17.34	13.26
Gestão de resíduos (R)						
Resíduo de ri-cultura @ 2,5t/ha	27.47	20.5	23.55	22.56	18.17	14.29
R2- resíduos de culturas @ 5t/ha	28.7	22.47	26.82	25.42	21.07	16.04
R3- resíduos de culturas @ 2,5t/ha + consórcios @ 5kg/ha	27.56	21.6	24.67	23.22	18.92	15.89
R4- resíduos de culturas @ 5t/ha + consórcios @ 5kg/ha	28.54	22.8	27.62	26.12	22.6	17.17
R5- sem resíduos de culturas (controlo)	27.23	20.25	20.45	18.49	16.13	12.11
G. média	**27.76**	**21.60**	**24.62**	**23.14**	**19.33**	**15.07**

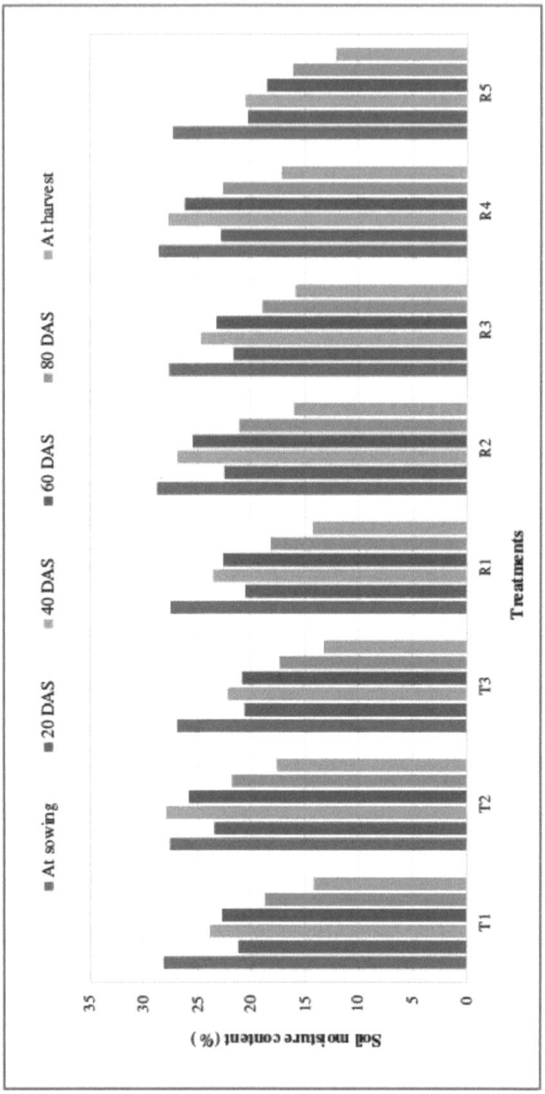

Fig 15: Teor médio de humidade do solo (%) a 0-15 cm de profundidade influenciado por várias práticas de mobilização e gestão de resíduos de culturas

Efeito da gestão dos resíduos (R)

Os dados relativos à gestão de resíduos revelaram que, entre todos os tratamentos de gestão de resíduos de culturas, a aplicação de resíduos sem culturas (R4) registou o teor de humidade do solo mais elevado do que os restantes tratamentos.

4.6.2 Densidade aparente do solo (Mg m $)^{-3}$

Os dados relativos à densidade aparente do solo foram influenciados por diferentes práticas de lavoura e gestão de resíduos de culturas, conforme apresentado no Quadro 19 e representado graficamente na Fig.16. Os dados relativos à densidade aparente a 0-15 cm de profundidade do solo foram registados na sementeira e na colheita, isto é, no início e na colheita da cultura.

Efeito das práticas de lavoura (T)

Os dados apresentados na Tabela 19 mostram que o valor da densidade aparente em vários estágios de crescimento da cultura diminuiu com o aumento da manipulação do solo e do número de operações de lavoura. No momento da semeadura, após a aplicação de várias práticas de preparo do solo, o máximo de melhoria na densidade aparente do solo (1,20 Mg/m^3) foi registrado com o sistema de preparo convencional. Ao passo que a compactação do solo aumentou com a lavoura zero e reduzida.

No momento da colheita, a prática de lavoura zero (Ti) registou a maior densidade aparente (1,32). Enquanto que a densidade aparente mais baixa foi observada na lavoura convencional (T_3) (1.23) que foi seguida pela lavoura reduzida (T_2) (1.27).

Quadro 19: Densidade aparente (Mg m^{-3}) a 0-15 cm de profundidade, influenciada por várias práticas de lavoura e tratamentos de gestão de resíduos de culturas no trigo

Tratamentos	Inicial	Na colheita
Práticas de mobilização do solo (T)		
Ti-Zero lavoura	1.30	1.32
T_2 - Lavoura reduzida	1.25	1.27
T3- Lavoura convencional	1.20	1.23
Gestão de resíduos (R)		
Ri- resíduos de culturas @ 2,5t/ha	1.26	1.28
R_2 - resíduos de culturas @ 5t/ha	1.20	1.24
R_3 - resíduos de culturas @ 2,5t/ha + consórcios @ 5kg/ha	1.25	1.27
R4- resíduos de culturas @ 5t/ha + consórcios @ 5kg/ha	1.22	1.23
Rs- sem resíduos de culturas (controlo)	1.30	1.33
G. média	**1.25**	**1.27**

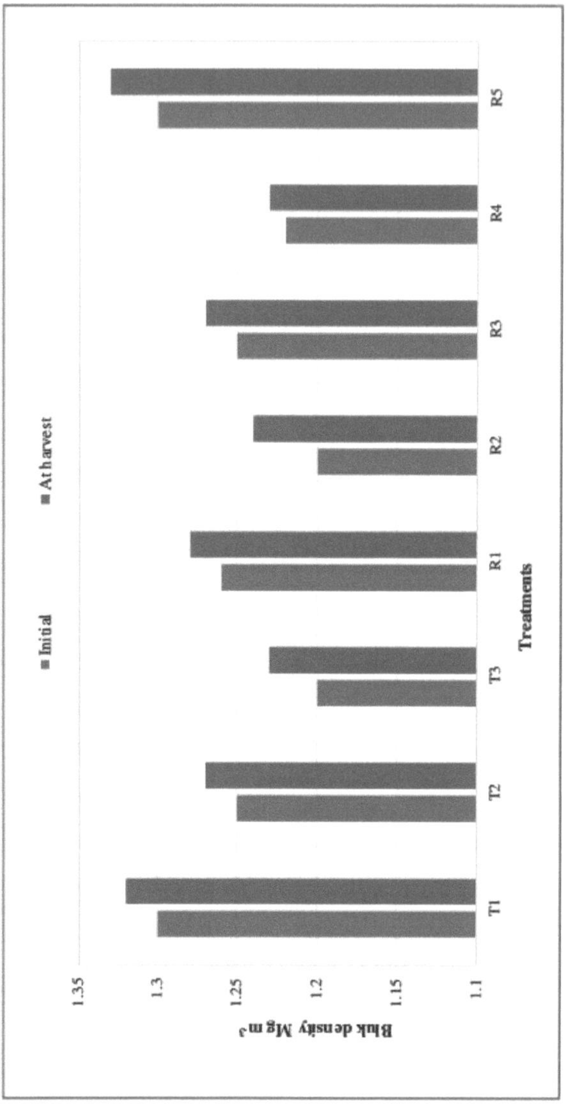

Fig 16: Densidade aparente (Mg m-3) a 0-15 cm de profundidade influenciada por várias práticas de lavoura e tratamentos de gestão de resíduos de culturas no trigo

Efeito da gestão dos resíduos (R)

A densidade aparente do solo é influenciada por diferentes práticas de gestão de resíduos. Como o resíduo da cultura foi aplicado aos 20 DAS, os dados relativos à densidade aparente do solo foram considerados inconsistentes na fase inicial.

No momento da colheita, observou-se uma melhoria significativa nos valores da densidade aparente com o tratamento resíduo de cultura @ 5 t/ha + consórcio 5 kg/ha (R4), ou seja, 1,23 Mg m$'^{3}$, seguido pelo tratamento resíduo de cultura @ 5 t/ha (R_2), ou seja, 1,24 Mg m$'^{3}$ e a menor melhoria na densidade aparente foi observada com o tratamento controlo (R5), ou seja, 1,32 Mg m' .^{3}

4.7 Economia

Os dados relativos ao custo de cultivo, rendimentos monetários líquidos (NMR) e rácio B:C influenciados por vários tratamentos são apresentados no Quadro 20.

4.7.1 Custo da cultura

O custo de cultivo da soja sob várias práticas de lavoura e práticas de gerenciamento de resíduos é apresentado na Tabela 20. O custo médio de cultivo foi 21533 (Rs ha$'^{1}$).

Efeito das práticas de lavoura (T)

Considerando o custo de cultivo, a lavoura convencional (T3) exigiu mais custos de cultivo (30016.06 Rs ha$'^{1}$) do que o resto dos tratamentos de lavoura. Enquanto o tratamento de lavoura zero (Ti) exigiu menos custos para o cultivo (19162 Rs ha$'^{1}$).

Efeito da gestão dos resíduos (R)

No que diz respeito ao custo de cultivo, a aplicação de resíduos de culturas @ 5 t/ha + consórcios 5 kg/ha (R4) exigiu um custo mais elevado para o cultivo (22423 Rs ha$'^{1}$) do que o resto de todos os tratamentos de gestão de resíduos de culturas.

4.7.2 Rendimentos monetários brutos (Rs ha)$^{-1}$

Os dados relativos aos rendimentos monetários brutos influenciados por diferentes práticas de lavoura e tratamentos de gestão de resíduos de culturas são apresentados no Quadro 20 e representados graficamente na Fig.17.

Efeito das práticas de lavoura (T)

As práticas de lavoura afectaram significativamente os rendimentos monetários brutos. A lavoura reduzida registou os maiores retornos monetários brutos (42501 Rs ha$'^{1}$) e foi considerada significativamente superior ao resto dos tratamentos. A lavoura zero mostrou os retornos monetários brutos significativamente mais baixos (34174Rs ha$'^{1}$).

Efeito da gestão dos resíduos (R)

O efeito da gestão de resíduos revelou que, teve um efeito significativo nos retornos monetários brutos. Entre todos os tratamentos de gestão de resíduos de culturas, a aplicação de resíduos de culturas @ 5t/ha + consórcios @ 5kg/ha, ou seja, R4 registou os retornos monetários brutos significativamente mais elevados (44350,91 Rs ha$'^{1}$) do que o resto dos tratamentos.

Efeito de interação (Lavoura x Gestão de resíduos)

Os efeitos de interação das práticas de lavoura e de gestão dos resíduos para os rendimentos monetários brutos não foram significativos.

Quadro 20: Economia da cultura do trigo influenciada por diferentes tratamentos

Tratamentos	Custo de cultivo (Rs ha^{-1})	Rendimentos monetários brutos (Rs ha^{-1})	Rendimentos monetários líquidos (Rs ha^{-1})	Rácio B:C
Práticas de mobilização do solo (T)				
Ti-Zero lavoura	19162	34174	15012	1.77
T2- Lavoura reduzida	20662	42501	21839	2.05
T3-Alavoura convencional	24777	39130	14352	1.58
S.E.±	-	1591	1591	-
C.D. a 5%	-	4775	4775	-
Gestão de resíduos (R)				
Ri- resíduos de culturas @ 2,5t/ha	21273	36132	14858	1.71
R2- resíduos de culturas @ 5t/ha	22273	43042	20768	1.96
R3- resíduos de culturas @ 2,5t/ha + consórcios @ 5kg/ha	21423	38464	17040	1.81
R4- resíduos de culturas @ 5t/ha + consórcios @ 5kg/ha	22423	44350	21927	1.99
Rs- sem resíduos de culturas (controlo)	20273	31020	10746	1.53
S.E.±	-	1308	1308	-
C.D. a 5%	-	3925	3925	-
Interação (T x R)				
S.E.±	-	2329	2329	-
C.D. a 5%	-	NS	NS	-
G. média	**21533**	**38602**	**17068**	**1.80**

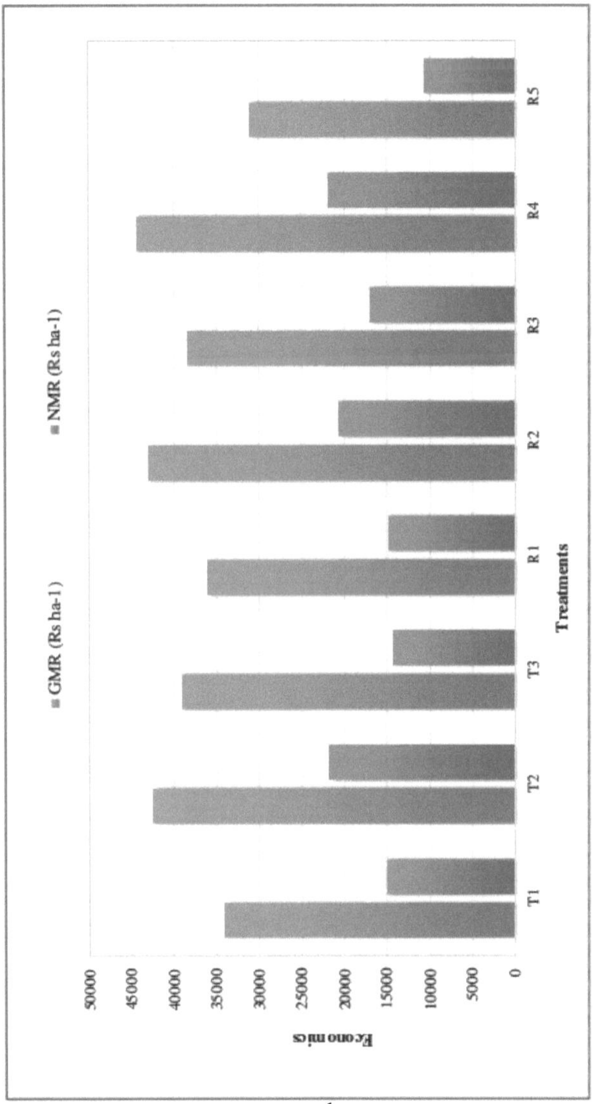

Fig. 17: Rendimentos monetários brutos (Rs ha^{1}) e rendimentos monetários líquidos (Rs ha^{1}) do trigo influenciados por vários tratamentos

4.7.3 Rendimentos monetários líquidos (Rs ha'^{1})

Os dados relativos aos rendimentos monetários líquidos influenciados por diferentes práticas de lavoura e tratamentos de gestão de resíduos de culturas são apresentados no Quadro 20 e representados graficamente na Fig.17.

Efeito das práticas de mobilização do solo (T)

As práticas de lavoura afectaram significativamente os rendimentos monetários líquidos. A lavoura reduzida registou os maiores retornos monetários líquidos (21839 ha'^{1}) e foi considerada significativamente superior ao resto dos tratamentos. A lavoura zero mostrou os retornos monetários líquidos significativamente mais baixos (19894 Rsha'^{1}).

Efeito da gestão dos resíduos (R)

A gestão de resíduos revelou que, teve um efeito significativo nos retornos monetários líquidos. Entre todos os tratamentos de gestão de resíduos de culturas, a aplicação de resíduos de culturas @ 5 t/ha + consórcios @ 5 kg/ha, ou seja, R4 registou os retornos monetários líquidos significativamente mais elevados (21927 Rs ha'^{1}) do que o resto dos tratamentos.

Efeito de interação (Lavoura x Gestão de resíduos)

Os efeitos de interação das práticas de lavoura e de gestão dos resíduos para os rendimentos monetários líquidos não foram significativos.

4.7.4 Rácio benefício/custo

Os dados relativos à relação benefício/custo influenciada por diferentes práticas de lavoura e tratamentos de gestão de resíduos de culturas são apresentados no Quadro 20.

Efeito das práticas de mobilização do solo (T)

As práticas de lavoura afectaram a relação benefício: custo. A lavoura reduzida registou (2,05) a relação benefício: custo e foi considerada máxima em relação aos restantes tratamentos. A lavoura convencional apresentou a menor relação benefício/custo (1,77).

Efeito da gestão dos resíduos (R)

Os dados indicaram que os tratamentos de gestão de resíduos afectaram a relação benefício: custo. Entre todos os tratamentos de gestão de resíduos de culturas, a aplicação de resíduos de culturas @ 5t/ha + consórcios @ 5kg/ha, ou seja, R4 registou o maior rácio benefício: custo (1,99) do que o resto dos tratamentos.

CAPÍTULO -V

DISCUSSÃO

A presente investigação intitulada "Lavoura e gestão de resíduos de culturas em trigo (*Triticum aestivum* L.) sob agricultura de conservação" foi realizada durante a época *rabi* de 2019 na quinta experimental, Departamento de Agronomia, Vasantrao Naik Marathwada Krishi Vidyapeeth, Parbhani. Os resultados obtidos através desta investigação são discutidos neste capítulo com referência ao efeito de vários fatores no crescimento, rendimento, humidade do solo, densidade aparente e respetiva economia no trigo.

Foi feita uma tentativa de apoiar as presentes conclusões com as razões prováveis disponíveis e a literatura relevante.

5.1 Solo

As análises mecânicas e químicas do solo (Quadro 1) revelaram que o solo da parcela experimental era preto médio profundo, de textura argilosa e ligeiramente alcalina, com baixo teor de carbono orgânico, azoto disponível (178 kg ha^{-1}), fósforo disponível (12,15 kg ha^{-1}) e rico em potássio (488 kg ha^{-1}). A topografia do campo experimental era bastante uniforme e nivelada.

5.2 Clima e tempo

Os dados sobre os parâmetros meteorológicos durante todo o período de crescimento do trigo revelaram que a precipitação total recebida durante o período de crescimento da cultura foi de 18,1 mm e distribuída por três dias de chuva, de novembro a março. A distribuição da precipitação foi normal para o crescimento da cultura do trigo.

A temperatura média máxima e mínima durante o período de crescimento das culturas foi de 33,6°C e 5,9°C, respetivamente, o que foi ótimo para o crescimento das plantas. Do mesmo modo, a humidade relativa média máxima e mínima das horas da manhã e da noite variou entre 9,5 e 2,0 por cento, respetivamente, durante o período experimental. O número de horas de sol suficiente variou entre 3,0 e 9,5 horas por dia^{-1} durante o período de crescimento do trigo. A maior acumulação de matéria seca pode ser atribuída à maior duração do dia e à radiação. Os efeitos cumulativos de todos estes factores resultaram numa produção normal de sementes. Em geral, as condições climatéricas foram favoráveis ao crescimento do trigo.

5.3 Crescimento e desenvolvimento geral das culturas

O crescimento das culturas é um processo dinâmico e é afetado por diferentes interações que ocorrem entre o ambiente e os seus processos fisiológicos. Os atributos de crescimento e rendimento registados em diferentes fases de crescimento são observados de perto, registados e discutidos aqui num relance.

i. Emergência até ao crescimento vegetativo inicial até 20 DAS.

ii. Grande fase de crescimento de 40 a 60 DAS

iii. Fase reprodutiva a partir dos 60 DAS.

Os dados sobre a contagem média de emergência foram registados aos 15 DAS, enquanto o estande final das plantas foi registado no momento da colheita. O stand médio inicial das plantas foi de 91,85% e na fase de colheita o stand médio das plantas foi de 85,21%. Os dados apresentados no Quadro 6 indicam claramente que a contagem média de emergência no estabelecimento da cultura e o estande final de plantas na colheita não foram influenciados significativamente pelos vários tratamentos.

A fim de conhecer o crescimento da cultura, os dados foram registados em várias fases de crescimento.

A primeira fase de crescimento do trigo teve início a partir da sementeira, aos 20 dias, em que o crescimento foi lento no que respeita à altura da planta, ao número de folhas da planta^{-1} , à área foliar da planta^{-1} , à acumulação total de matéria seca da planta^{-1} e ao número de perfilhos da planta .$^{-1}$

A altura das plantas aumentou continuamente até à colheita. A taxa de aumento da altura da planta foi muito rápida até 60 dias após a semeadura e comparativamente menor na fase posterior do crescimento da cultura. A altura média da planta foi de 6,30 cm aos 20 dias e aumentou para 18,02 cm aos 40 dias e aumentou ainda mais para 70,42 cm aos 60 dias, aos 80 dias foi de 79,53, enquanto que novamente a altura mais alta da planta, encontrada na colheita, foi de 80,7 cm. Isto indica uma taxa de crescimento mais rápida do trigo entre 30-60 dias.

Verificou-se que o número de folhas funcionais e a área foliar da planta^{-1} aumentaram até 60 DAS e diminuíram depois devido à senescência das folhas. O número médio de folhas (12,2) e a área foliar (5,81 dm^2) da planta^{-1} foram máximos aos 60 DAS.

A produção de matéria seca total da planta^{-1} aumentou continuamente até aos 60 DAS e depois aumentou com uma taxa decrescente até à fase de colheita. A média de acumulação de matéria seca da planta^{-1} foi de (0,73) g aos 30 dias, que aumentou continuamente até à colheita (6,52 g).

O número de perfilhos da planta^{-1} foi registado no máximo (3,38) aos 40 DAS,
mais baixo na colheita devido ao avanço da idade da cultura para o mínimo.

Quadro 21: Um extrato dos caracteres que contribuem para o crescimento do trigo registados em diferentes períodos de crescimento

Carácter		20 DAS	40 DAS	60 DAS	80 DAS	Na colheita
Altura da planta (cm)	Média	6.30	18.02	70.42	79.53	80.76
	% do máximo	7.80	22.31	87.19	98.47	100
Número de folhas funcionais da	Média	6.57	10.02	12.12	8.91	-
	% do	54.20	82.67	100	73.51	-

planta^{-1}	máximo					
Área foliar (dm^2) planta^{-1}	Média	1.34	4.18	5.81	3.45	-
	% do máximo	23.06	71.94	100	59.38	-
Matéria seca total da planta^{-1} (g)	Média	0.73	2.44	4.53	5.77	6.52
	% do máximo	11.19	37.42	69.47	88.49	100
Número de perfilhos da planta^{-1}	Média	-	3.38	2.60	2.36	2.14
	% do máximo	-	100	76.92	69.82	63.33

5.4 Efeito dos tratamentos

Para avaliar os efeitos dos tratamentos, foi registada a extensão dos caracteres que contribuem para o rendimento do trigo em diferentes períodos de crescimento.

5.4.1 Efeito das práticas de lavoura

O efeito das práticas de lavoura foi profundo em todos os estágios de crescimento da cultura (Tabela 7). Foram observadas diferenças significativas em vários caracteres de crescimento e rendimento, rendimentos de grãos e palha ha^{-1} devido a várias práticas de lavoura.

Os tratamentos de lavoura reduzida (T2) produziram mais altura de planta do que a lavoura convectiva (T3) e a lavoura zero (T1). Isso pode ser devido à cama de sementes favorável, aeração adequada, maior conservação de água em comparação com outros tratamentos, provavelmente devido ao armazenamento máximo e conservação de água nos leitos do sulco. A disponibilidade adequada de humidade do solo nas zonas de raiz com este tratamento pode ter aumentado a mineralização do solo, o que resultou numa melhor disponibilidade de nutrientes no solo, aumentando assim a divisão celular e a expansão celular, o que por sua vez aumentou a altura da planta. No caso da lavoura zero (T1), a maior compactação do solo pode ter resultado em um crescimento e desenvolvimento deficiente da raiz da planta. Devido à falta de humidade na zona da raiz na lavoura zero (T2), pode ter-se refletido num crescimento inferior da planta nas fases posteriores do desenvolvimento da cultura. Estes resultados estão em conformidade com os resultados de Singh *et al.*, (2011) e Kebede e Bekelle (2008).

O número de folhas funcionais da planta^{-1} (Tabela 8) aumentou rapidamente até 60 DAS e diminuiu depois disso até a maturidade devido à senescência da folha. O tratamento com lavoura reduzida (T2) mostrou-se superior a todos os tratamentos na produção de um maior número de folhas da planta^{-1} . Isso pode ser devido à disponibilidade adequada de umidade durante o período de crescimento vegetativo, resultando em absorção proporcional de nutrientes. A lavoura zero não favoreceu a provável proliferação das raízes das plantas, talvez devido à menor translocação de umidade e nutrientes através do padrão de enraizamento superficial. Além disso, a diminuição da atividade de fotossíntese nas folhas pode também provocar a redução do número de folhas.

Área foliar da planta^{-1} aumentou rapidamente até 60 DAS e diminuiu gradualmente até a maturidade da cultura devido à senescência da folha (Tabela 9). O tratamento de lavoura reduzida (T2) teve a área foliar máxima da planta^{-1} do que a lavoura convencional (T3) e a lavoura zero (T1). Isso pode ser devido ao crescimento geral favorável e maior número de folhas funcionais produzidas no tratamento de lavoura reduzida (T2), que por sua vez resultou em maior área foliar da planta^{-1} o processo de maior alongamento celular, multiplicação celular e maior taxa de fotossíntese, além de umidade adequada e suprimento de nutrientes, poderiam ter contribuído para maior área foliar com lavoura reduzida.

A acumulação total de matéria seca (g) planta^{-1} aumentou rapidamente até aos 60 DAS e diminuiu gradualmente depois disso até à maturidade. A taxa de aumento da matéria seca (g) da planta^{-1} foi comparativamente lenta durante 20 a 40 DAS e foi rápida durante 41 a 60 DAS, o que foi devido ao grande crescimento da cultura com o número máximo de folhas e perfilhos durante este período. A prática de lavoura reduzida (T2)$^{-1}$ registrou maior acúmulo de matéria seca do que a lavoura convencional (T3) e a lavoura zero (T1). Isto pode ser devido a uma melhor disponibilidade de humidade no solo, crescimento luxuoso e atributos de crescimento mais elevados registados na lavoura reduzida do que nas restantes práticas de lavoura e, assim, o crescimento global reflectiu-se numa maior matéria seca na cultura de lavoura reduzida. Resultados semelhantes foram observados por Kebede e Bekelle (2008).

O número de perfilhos da planta^{-1} registou o máximo (3,38) aos 40 DAS, o mais baixo na colheita devido ao avanço da idade da cultura para o mínimo. O tratamento da planta de lavoura reduzida (T2)$^{-1}$ registrou mais número de perfilhos da planta^{-1} do que a lavoura convencional

(T3) e lavoura zero (T1). Isto pode dever-se à disponibilidade de humidade no solo e ao fornecimento de nutrientes na lavoura reduzida do que no resto das práticas de lavoura. Resultados semelhantes foram relatados por Kebede e Bekelle (2008) e Singh *et al.*, (2011).

Entre os índices de crescimento, o AGR (altura da planta e matéria seca) e RGR (matéria seca) foram encontrados após 20 DAS até a colheita da cultura. Os valores de AGR e RGR foram mais altos com o tratamento de redução exceto RGR em 20-60 DAS enquanto zero lavoura registrou menor AGR e RGR. Assim, no processo de melhor proliferação de raízes com menor compactação do solo, o aumento do crescimento da planta ocorre principalmente devido ao fornecimento equilibrado de nutrientes principais.

Os dados apresentados na Tabela 15 indicam que o índice de área foliar aumentou rapidamente até 60 DAS e diminuiu gradualmente até a maturidade da cultura devido à senescência da folha. O tratamento de lavoura reduzida (T2) teve a planta com índice de área foliar máximo^{-1} do que a lavoura convencional (T3) e lavoura zero (T1). Isso pode ser devido ao crescimento geral favorável e ao maior número de folhas funcionais produzidas no tratamento de lavoura reduzida (T2), o que, por sua vez, resultou em maior índice de área foliar.

Comprimento da planta da panícula^{-1} e Número da planta da panícula^{-1} (Tabela 16) foram os mais altos quando a cultura foi adotada com lavoura reduzida (T2) do que outras práticas de lavoura i.e. lavoura convencional (T3) e lavoura zero (T1). Isso pode ser devido ao maior crescimento vegetativo que resulta no maior comprimento da panícula da planta^{-1} . Maior número de perfilhos que, por sua vez, resultou em maior número de panículas por planta. Resultados semelhantes foram relatados por Singh *et al.,* (2020).

Os dados relativos ao número de grãos por planta^{-1} de trigo não foram influenciados por diferentes práticas de lavoura são apresentados na Tabela 16. No entanto, o número de grãos por planta, considerado como carácter genético, raramente se altera.

O efeito das práticas de lavoura na planta de peso de grão^{-1} foi encontrado para ser significativo. A lavoura reduzida (T2) registou o maior peso de grão de planta^{-1} do que a lavoura convencional (T3) e a lavoura zero (T1). Isto pode ser devido aos atributos de crescimento mais elevados seguidos por mais síntese e translocação de material alimentar para a fonte, provavelmente resultando em tamanho de grão arrojado e, portanto, o apoio da conservação da humidade do solo pode ter refletido em plantas com maior peso de grão^{-1} . Estes resultados estão em conformidade com os resultados de Singh *et al.,* (2020).

As práticas de lavoura tiveram um efeito profundo nos rendimentos de grãos, palha e biológicos (kg ha^{-1}) como apresentado na Tabela 17. Os tratamentos com lavoura reduzida (T2) registaram um rendimento de grãos mais elevado do que a lavoura convencional (T3) e a lavoura zero (T1). O aumento do rendimento de grãos kg ha^{-1} foi atribuído ao aumento dos parâmetros de crescimento e dos atributos de rendimento do trigo. Isso pode ser devido ao crescimento geral mais favorecido e aos caracteres de atribuição de rendimento devido à cama de sementes favorável, melhor aeração, escopo para mais espaço, intercetação de luz, benefício de mais umidade conservada em sulcos e seu suporte em estágios críticos de crescimento como perfilhamento, iniciação e desenvolvimento da panícula. Isto resultou em valores mais elevados dos caracteres que atribuem rendimento e que, por sua vez, resultaram em rendimentos mais elevados da cultura do trigo. Os resultados estão em consonância com Ozpinar, S. (2004) e Singh *et al.,* (2020).

Os dados sobre o teor de humidade apresentados na Tabela 18 indicam que as práticas de lavoura influenciaram o teor médio de humidade. O teor de humidade do solo mais elevado em percentagem foi observado com a lavoura reduzida (T2) seguido do tratamento sem lavoura (T1) e a humidade mais baixa observada na lavoura convencional (T3). Isto pode ser devido à conservação máxima da humidade do solo com o tratamento de mobilização reduzida que consiste num sulco de leito largo que prova a sua superioridade ao manter a rizosfera com uma quantidade adequada de água. A maior compactação do subsolo com o tratamento zero (T1) pode ter resultado na formação de menor número de espaços porosos, refletindo assim na redução do teor de umidade do solo.

As práticas de lavoura tiveram um efeito profundo na densidade aparente. A densidade aparente mais baixa foi observada na lavoura convencional (T3) e a mais alta na lavoura zero (T1) seguida pela lavoura reduzida (T2). Isso pode ser devido às operações de lavoura na lavoura convencional (T3), que resultaram em aumento da porosidade, refletindo assim na redução da densidade aparente do solo. Estes resultados estão em conformidade com os resultados de Gangwar *et al.,* (2004) e Singh *et al.,* (2011).

As práticas de lavoura tiveram um efeito profundo nos retornos monetários brutos, nos retornos monetários líquidos, na relação benefício: custo, conforme indicado na Tabela 20. O tratamento de lavoura reduzida (T2) registou maiores rendimentos monetários brutos, rendimentos monetários líquidos, relação benefício: custo do que o tratamento de lavoura convencional (T3) e lavoura zero (T1). Isso pode ser devido à maior produção de culturas com a lavoura reduzida (T2), independentemente do maior valor de custo de cultivo. Estes resultados estão em conformidade com Ozpinar (2004), Singh *et al.*, (2013) e Shivnath (2016).

Quadro 22: Extrato de informações pertinentes sobre o efeito das diferentes lavouras gestão do crescimento, do rendimento e dos caracteres que contribuem para o rendimento do trigo

Sr. Não.	Dados	Práticas de lavoura		
		Ti	T2	T3
1	Altura média da planta na colheita (cm)	76.54	83.52	81.72
2	N.º de folhas funcionais máximas da planta^{-1} 60 DAS	11.57	12.59	12.20
3	Área foliar máxima da planta^{-1} (dm^2) aos 60 DAS	5.38	6.09	5.98
4	Número de perfilhos da planta^{-1} na colheita	1.72	2.43	2.26
5	Matéria seca da planta^{-1} (g) na colheita	5.46	7.38	6.72
7	Comprimento das panículas da planta^{-1} na colheita	7.85	8.91	8.66
8	Números de panículas de grãos^{-1}	40.80	43.39	42.75
9	Número de panículas da planta^{-1}	1.71	2.43	2.26
10	Peso do grão da planta^{-1} (g)	2.35	2.78	2.68
11	Peso de ensaio de 1000 grãos (g)	34.55	35.54	34.87
12	Rendimento de grãos (kg ha)$^{-1}$	1775	2207	2032
13	Rendimento da palha (kg ha)$^{-1}$	2844	3274	3121
14	Rendimento biológico (kg ha)$^{-1}$	4620	5482	5153
15	Teor de humidade do solo adequado (%) a	23.85	27.89	22.15

	40 DAS			
16	Teor de humidade do solo adequado (%) a 60 DAS	22.71	25.82	20.79
17	Densidade a granel inicial	1.30	1.25	1.20
18	Densidade aparente na colheita	1.32	1.27	1.23

5.4.2 Efeito das práticas de gestão de resíduos

O efeito das práticas de gestão de resíduos de culturas foi profundo em todas as fases de crescimento da cultura (Quadro 7), exceto aos 20 DAS e 40 DAS. Foram observadas diferenças significativas em vários caracteres de crescimento e rendimento, rendimentos de grãos e palha ha^{-1} devido a várias práticas de resíduos de culturas.

O tratamento de aplicação de resíduos de culturas @ 5t/ha + consórcios @ 5kg/ha (R4) produziu mais altura de plantas do que os tratamentos de resíduos de culturas @ 5t/ha (R2), resíduos de culturas @ 2.5t/ha + consórcios @ 5 kg/ha (R3), resíduos de culturas @ 2.5t/ha (R1), e o valor mais baixo foi registado no controlo (R5). Isto pode ser devido à maior taxa de aplicação de resíduos de culturas conservar mais humidade, o que se reflecte numa maior altura da planta. Estes resultados estão de acordo com Dhar *et al.*, (2014) e Kumar e Singh (2018).

O número de folhas funcionais da $planta^{-1}$ (Tabela 8) aumentou rapidamente até 60 DAS e diminuiu depois disso até a maturidade devido à senescência das folhas. O tratamento de aplicação de resíduos de culturas @ 5t/ha + consórcios @ 5 kg/ha (R4) produziu um maior número de folhas funcionais por planta do que os resíduos de culturas @ 5t/ha (R2), resíduos de culturas @ 2,5 t/ha + consórcios @ 5kg/ha (R3), resíduos de culturas @ 2,5t/ha (R1), e o menor foi registado no controlo (R5). Isto pode ser devido à disponibilidade de humidade adequada durante o período de crescimento vegetativo que aumentou significativamente o número de folhas por planta com a aplicação do tratamento de resíduos de culturas @ 5t/ha + consórcios @ 5kg/ha (R4). Além disso, devido à cama de sementes solta e porosa, a maior absorção de nutrientes pode ter aumentado o número de folhas.

Área foliar da $planta^{-1}$ aumentou rapidamente até 60 DAS e diminuiu gradualmente até a maturidade da cultura devido à senescência da folha (Tabela 9). Os tratamentos de aplicação de resíduos de culturas @ 5t/ha + consórcios @ 5kg/ha (R4) produziram um maior número de área foliar por planta do que os resíduos de culturas @ 5t/ha (R2), resíduos de culturas @ 2,5t/ha + consórcios @ 5kg/ha (R3), resíduos de culturas @ 2,5t/ha (R1), e o valor mais baixo foi registado no controlo (R5). Isso pode ser devido ao crescimento favorável geral e ao maior número de folhas funcionais produzidas no tratamento de aplicação de resíduo de cultura @ 5t/ha + consórcios @ 5 kg/ha (R4) que, por sua vez, resultou em maior área foliar por planta.

Planta de acumulação de matéria seca total^{-1} (g) aumentou rapidamente até 60 DAS e diminuiu gradualmente depois disso até à maturidade. O tratamento de aplicação de resíduo de cultura @ 5t/ha + consórcios @ 5kg/ha (R4) registou uma maior produção de matéria seca por planta do que o resíduo de cultura @ 5t/ha (R2), resíduo de cultura @ 2.5t/ha + consórcios @ 5kg/ha (R3), resíduo de cultura @ 2.5t/ha (R1), e a menor foi observada com o controlo (R5). Isto pode ser devido à adição de uma quantidade adequada de resíduos de culturas juntamente com consórcios microbianos. A atividade microbiana pode ter libertado os nutrientes dos resíduos de culturas, tornando-os assim facilmente absorvidos pelas raízes das plantas. Em segundo lugar, os resíduos conservaram uma maior quantidade de humidade do solo, o que se reflectiu no crescimento potencial das plantas de trigo e, consequentemente, numa maior produção de matéria seca. Estes resultados estão em conformidade com os de Dhar *et al.*, (2014).

O número de perfilhos por planta^{-1} registrou o máximo aos 40 DAS, o mais baixo na colheita devido ao avanço da idade da cultura que chegou ao mínimo. O tratamento de aplicação de resíduo de cultura @ 5t/ha + consórcios @ 5kg/ha (R4) produziu mais número de perfilhos por planta do que resíduo de cultura @ 5t/ha (R2), resíduo de cultura @ 2.5t/ha + consórcios @ 5kg/ha (R3), resíduo de cultura @ 2.5t/ha (R1), e o controle mais baixo registrado (R5). Isto pode ser devido à disponibilidade adequada de humidade no solo, à atividade microbiana e ao crescimento vegetativo vigoroso das plantas. Resultados semelhantes foram relatados por Dhar *et al.*, (2014) e Kumar e Singh (2018).

Entre os índices de crescimento, o AGR para altura da planta e matéria seca e o RGR para matéria seca aumentaram de 20-60 DAS até a colheita da cultura. Os valores de AGR e RGR foram maiores com o tratamento de aplicação de resíduo de cultura @ 5t/ha + consórcio @ 5k/ha (R4) que produziu mais número de folhas funcionais por planta do que os tratamentos de resíduo de cultura @5 t/ha (R2), resíduo de cultura @ 2.5t/ha + consórcio @ 5kg/ha (R3), resíduo de cultura @ 2.O aumento de AGR e RGR com o tratamento resíduo de cultura @ 5t/ha + consórcios @ 5kg/ha (R4) pode ter o efeito resultante da aplicação de uma quantidade adequada de resíduos de cultura associados à cultura microbiana. Ambos os componentes deste tratamento resultaram em caracteres de maior crescimento, o que aumentou a taxa de crescimento do trigo com este tratamento.

O índice de área foliar aumentou rapidamente até 60 DAS e diminuiu gradualmente até a maturidade da cultura devido à senescência da folha (Tabela 15). Os tratamentos de aplicação de resíduos de culturas @ 5t/ha + consórcios @ 5kg/ha (R4) produziram um maior número de índice de área foliar do que os tratamentos de resíduos de culturas @ 5t/ha (R2), resíduos de culturas @ 2,5t/ha + consórcios @ 5kg/ha (R3), resíduos de culturas @ 2,5t/ha (R1), enquanto o valor mais baixo foi registado no tratamento de controlo (R5). Isso pode ser devido ao crescimento geral favorável e ao maior número de folhas funcionais produzidas no tratamento com aplicação de resíduo de cultura @ 5t/ha + consórcios @ 5kg/ha (R4), o que, por sua vez, resultou em maior área foliar por planta.

Comprimento da panícula da planta^{-1} e número de panículas da planta^{-1} como apresentado na Tabela 16 diferiram significativamente com vários tratamentos. O tratamento de aplicação de resíduo de cultura @ 5t/ha + consórcio @ 5kg/ha (R4) produziu maior comprimento de panícula e número de panícula e número de panícula por planta do que os tratamentos de resíduo de cultura @ 5t/ha (R2), resíduo de cultura @ 2.5t/ha + consórcio @ 5kg/ha (R3), resíduo de cultura @ 2.5t/ha (R1), e o valor mais baixo foi registado no controlo (R5). Isso pode ser devido ao maior crescimento reprodutivo, aumento do número de perfilhos por planta com o apoio de mais umidade conservada no solo. Estes resultados estão de acordo com Dhar *et al.*, (2014) e Kumar e Singh (2018).

Os dados relativos ao número de grãos por planta^{-1} de trigo não foram influenciados pela gestão dos resíduos de culturas são apresentados no quadro 16. Embora o número de grãos por planta seja considerado um carácter genético, raramente se altera.

Peso do grão da planta^{-1} foi encontrado maior com o tratamento de aplicação de resíduo de cultura @ 5t/ha + consórcio @ 5kg/ha (R4) do que os tratamentos de resíduo de cultura @ 5t/ha (R2), resíduo de cultura @ 2.5t/ha + consórcio @ 5kg/ha (R3), resíduo de cultura @ 2.5t/ha (R1), e o valor mais baixo foi registado no controlo (R5). Isto pode ser devido aos atributos de crescimento mais elevados, seguidos de uma maior síntese e translocação de material alimentar para a fonte, o que provavelmente resultou num tamanho de grão mais arrojado e, assim, o apoio da humidade conservada no solo pode ter-se refletido num maior peso de grão por planta e número de grãos por planta. Estes resultados estão correlacionados com os relatados por Kumar e Singh (2018).

Os rendimentos de grãos, palha e biológico (kg ha^{-1}) foram significativamente influenciados pelos tratamentos de gestão de resíduos, conforme apresentado na Tabela 17. O tratamento de aplicação de resíduo de cultura @ 5t/ha + consórcios @ 5kg/ha (R4) produziu mais grãos, palha e rendimentos biológicos do que o resíduo de cultura @ 5t/ha (R2), resíduo de cultura @ 2.5t/ha + consórcios @ 5 kg/ha (R3), resíduo de cultura @ 2.5t/ha (R1), e o controlo mais baixo registado (R5). Isso pode ser devido ao crescimento geral mais favorecido e aos caracteres de atribuição de rendimento devido à cama de sementes favorável, melhor aeração, espaço maior, intercetação de luz, maior atividade microbiana, benefício da umidade mais conservada nos tratamentos com resíduos de cultura e seu apoio em estágios críticos de crescimento como perfilhamento, início e desenvolvimento da panícula. Isto resultou, em última análise, em valores mais elevados dos caracteres que atribuem rendimento e que, por sua vez, resultaram em rendimentos mais elevados da cultura do trigo. Este resultado está correlacionado com trabalhos anteriores realizados por Ram *et al.*, (2010), Dhar *et al.*, (2014) e Kumar e Singh (2018).

As práticas de resíduos de culturas tiveram um efeito profundo no teor de humidade do solo (%). Os tratamentos de aplicação de resíduos de culturas @ 5t/ha + consórcios @ 5 kg/ha (R4) e resíduos de culturas @ 5t/ha (R2) registaram o teor de humidade do solo mais elevado em comparação com as restantes práticas de gestão de resíduos de culturas. Uma quantidade adequada de aplicação de resíduos com tratamentos de aplicação de resíduos de culturas @ 5t/ha + consórcios @ 5 kg/ha (R4) e resíduos de culturas @ 5t/ha (R2) assegurou uma cobertura completa do solo, restringindo assim a perda de humidade através da evaporação da terra de cultivo. Enquanto que nos restantes tratamentos, devido a uma cobertura inadequada do solo, a aceleração do processo de evaporação pode ter-se refletido numa menor conservação da humidade do solo.

As práticas de resíduos de culturas tiveram um efeito profundo na densidade aparente do solo. Aquando da sementeira, os valores da densidade aparente não diferiram de forma significativa, uma vez que os resíduos foram aplicados após a sementeira. No entanto, na colheita, foram observadas maiores diferenças entre os vários tratamentos, tendo a densidade aparente mais elevada sido registada no tratamento de controlo (R5) do que nos restantes tratamentos. Tal pode dever-se à adição proporcional de resíduos de culturas, pelo que os tratamentos que receberam uma maior quantidade de resíduos de culturas possuem uma menor compactação do solo.

Os dados apresentados na Tabela 21 sobre as práticas de resíduos de culturas tiveram um efeito profundo nos retornos monetários brutos, nos retornos monetários líquidos e no rácio benefício: custo. O tratamento de aplicação de resíduos de culturas @ 5t/ha + consórcios @ 5kg/ha (R4) registou os maiores retornos monetários líquidos, retornos monetários brutos e rácio B:C do que os outros tratamentos viz., resíduos de culturas @ 5t/ha (R2), resíduos de culturas @ 2.5t/ha + consórcios @ 5kg/ha (R3), resíduos de culturas @ 2.5t/ha (R1), enquanto o valor mais baixo foi registado no tratamento de controlo (R5). Isto pode ser devido ao crescimento precoce favorecido e à conservação da humidade no tratamento em relação aos restantes tratamentos, o que penultimamente resultou em maior rendimento e, portanto, em última análise, deu maior GMR, NMR e relação B: C.

Quadro 23: Extrato de informação relevante para o efeito de várias gestões de resíduos de culturas no crescimento, rendimento e caracteres de rendimento do trigo

Sr. Não.	Dados	Práticas de lavoura				
		R1	R2	R3	R4	R5

1	Altura média da planta na colheita (cm)	79.15	83.97	80.10	85.70	74.88
2	N.º de folhas funcionais máximas da planta^{-1} 60 DAS	11.80	12.91	12.05	13.10	10.73
3	Área foliar máxima da planta^{-1} (dm^2) aos 60 DAS	5.63	6.28	5.65	6.54	4.98
4	Número de perfilhos da planta^{-1} Na colheita	1.93	2.52	2.09	2.65	1.49
5	Matéria seca da planta^{-1} (g) na colheita	5.97	7.25	6.54	7.72	5.11
7	Comprimento das panículas da planta^{-1} na colheita	7.93	9.15	8.14	9.77	7.37
8	Números de panículas de grãos^{-1}	41.48	44.87	40.87	45.40	38.95
9	Número de panículas da planta^{-1}	1.93	2.51	2.09	2.64	1.49
10	Peso do grão da planta^{-1} (g)	2.54	2.86	2.50	2.91	2.19
11	Peso de ensaio de 1000 grãos (g)	34.27	35.92	34.50	36.33	33.91
12	Rendimento de grãos (kg ha)$^{-1}$	1877	2235	1998	2303	1611
13	Rendimento da palha (kg ha)$^{-1}$	2962	3390	3018	3465	2562
14	Rendimento biológico (kg ha)$^{-1}$	4839	5626	5016	5769	4173
15	Teor de humidade adequado (%) a 40 DAS	23.55	26.82	24.67	27.62	20.45
16	Teor de humidade adequado (%) a 60 DAS	22.56	25.42	23.22	26.12	18.49
17	Densidade a granel inicial	1.26	1.20	1.25	1.22	1.30
18	Densidade aparente na colheita	1.28	1.24	1.27	1.23	1.33

CAPÍTULO-VI

RESUMO E CONCLUSÕES

6.1 Resumo

Uma experiência de campo intitulada "Lavoura e gestão de resíduos de culturas em trigo (*Triticum aestivum* L.) sob agricultura de conservação" em solo negro profundo, de textura argilosa, no Departamento de Agronomia, Vasantrao Naik Marathwada Krishi Vidyapeeth, Parbhani, durante a época *rabi* 2019.

O campo experimental foi nivelado e bem drenado. O solo do campo experimental era preto profundo, de textura argilosa, médio em carbono orgânico, baixo em azoto disponível (178,00 kg ha^{-1}), fósforo (12,15 kg ha^{-1}) e alto em potássio (488 kg ha^{-1}) e o pH era de 7,80. As condições ambientais prevalecentes durante o período experimental foram favoráveis ao crescimento e desenvolvimento normais da cultura do trigo.

O experimento foi realizado em um projeto de parcela dividida com três replicações, consistindo de quinze combinações de tratamento, incluindo três tratamentos de práticas de lavoura como uma parcela principal e cinco tratamentos de gerenciamento de resíduos de cultura como uma subparcela e foram replicados três vezes. As práticas de lavoura consistiram em lavoura zero (T_1), lavoura reduzida (T_2) e lavoura convencional (T_3) e cinco práticas de gestão de resíduos de resíduos de cultura @ 2,5t/ha (R_1), resíduos de cultura @ 5t/ha (R_2), resíduos de cultura @ 2,5t/ha + consórcios @ 5kg/ha (R_3), resíduos de cultura @ 5t/ha + consórcios @ 5kg/ha (R_4) e sem resíduos de cultura (R_5) foram incluídos na investigação.

Foram também registados os componentes do crescimento e do rendimento, para além do rendimento biológico, do grão e da palha. A economia foi calculada. As conclusões mais importantes deste estudo são resumidas a seguir.

6.1.1 Efeito das práticas de lavoura

As práticas de lavoura influenciaram significativamente os caracteres de crescimento importantes, nomeadamente a altura da planta, o número de folhas funcionais, a área foliar da $planta^{-1}$, a acumulação total de matéria seca da $planta^{-1}$ e o número de perfilhos da $planta^{-1}$. Além disso, influenciaram significativamente o rendimento e os caracteres que o atribuem, a propriedade do solo e a economia.

1. A contagem de emergência e a população final de plantas não foram influenciadas significativamente pelas diferentes práticas de lavoura.

2. As práticas de lavoura influenciaram significativamente os caracteres de crescimento importantes do trigo. O crescimento do trigo em termos de altura da planta, número de folhas da $planta^{-1}$, área foliar da $planta^{-1}$, número de perfilhos da $planta^{-1}$ e acumulação de matéria

seca^{-1} foram registados significativamente mais elevados na lavoura reduzida do que na lavoura convectiva e na lavoura zero.

3. A Taxa de Crescimento Absoluto (AGR) para altura da planta, Taxa de Crescimento Absoluto (AGR) para matéria seca e Taxa de Crescimento Relativo (RGR) para matéria seca foi calculada com todos os tratamentos em todos os intervalos periódicos. O tratamento com lavoura reduzida (T2) registrou valores mais altos de AGR para altura de planta, AGR para matéria seca e RGR para matéria seca em comparação com outros tratamentos.

4. Os caracteres que atribuem rendimento, como o comprimento da panícula e o peso do grão da planta^{-1} , foram significativamente superiores na lavoura reduzida em relação ao resto dos tratamentos. Enquanto que o peso de 1000 sementes e o número de grãos da panícula^{-1} não foram influenciados significativamente pelas práticas de lavoura.

5. O rendimento de grãos, o rendimento de palha e o rendimento biológico do trigo foram significativamente mais altos com a lavoura reduzida (T2) do que com a lavoura zero (T2) e foram iguais ao tratamento da lavoura convencional (T3). No que diz respeito ao índice de colheita do tratamento de trigo, a lavoura reduzida (T2) registou um valor mais elevado e foi encontrado a par com o tratamento de lavoura convencional (T3).

6. O estudo da humidade revelou que a utilização de práticas de lavoura reduzida (T2) registou o maior teor de humidade do solo (%) seguido de lavoura zero (T1) e o menor foi registado na lavoura convencional (T3).

7. O valor médio máximo da densidade aparente foi registado mais alto na lavoura reduzida (T2) seguido pela lavoura zero e menos foi registado na lavoura convectiva (T3).

8. Os maiores retornos monetários brutos e retornos monetários líquidos foram obtidos pelo tratamento de lavoura reduzida (T2) seguido pela lavoura convencional (T3) e o menor foi registado pela lavoura zero (T1). A maior relação B: C mais elevado foi registado pelo tratamento de lavoura reduzida (T2), seguido pelo tratamento de lavoura zero (T1) e o menos registado pelo tratamento de lavoura convencional (T3). Em termos de custo de cultivo, o tratamento de lavoura zero (T1) exigiu um custo mínimo para a produção de trigo do que reduzir a lavoura (T2) e o tratamento de lavoura convencional (T3) exigiu um custo mais alto para o cultivo.

6.1.2 Efeito das práticas de gestão dos resíduos

As práticas de gestão de resíduos influenciaram significativamente os caracteres de crescimento importantes, nomeadamente a altura da planta, o número de folhas funcionais, a área foliar da planta^{-1} , a acumulação total de matéria seca da planta^{-1} e o número de perfilhos da planta^{-1} . Além disso, influenciaram significativamente o rendimento e os caracteres que o atribuem, a propriedade do solo e a economia.

1. A contagem de emergência e a população final de plantas não foram influenciadas significativamente pelas diferentes práticas de gestão de resíduos de culturas.

2. As práticas de gestão de resíduos influenciaram significativamente os caracteres de crescimento importantes do trigo. O crescimento do trigo em termos de altura da planta, número de folhas da planta^{-1} , área foliar da planta^{-1} , número de perfilhos da planta^{-1} e acumulação de matéria seca^{-1} foram significativamente mais elevados na aplicação de resíduos de culturas @ 5t/ha + consórcios @ 5kg/ha, ou seja, R4 sobre o resto dos tratamentos.

3. Os dados sobre os índices de crescimento, ou seja, AGR, RGR e LAI, indicaram que a aplicação de resíduos de culturas @ 5t/ha + consórcios @ 5kg/ha, ou seja, R4 registou mais valores de AGR, RGR e LAI do que o resto dos tratamentos.

4. Os caracteres que atribuem rendimento, como o comprimento da panícula e o peso do grão da planta^{-1} , foram significativamente superiores na aplicação de resíduos de culturas @ 5t/ha + consórcios @ 5kg/ha, ou seja, R4 sobre o resto dos tratamentos. Considerando que o peso de 1000 sementes e o número de grãos da panícula^{-1} não foram influenciados significativamente pelas práticas de gestão de resíduos.

5. A aplicação de resíduos de culturas @ 5t/ha + consórcios @ 5kg/ha (R4) ao trigo melhorou o rendimento do grão e da palha e o rendimento biológico do trigo e foi igual ao resíduo de culturas @ 5t/ha (R2) e menos foi observado no controlo (R5). Foi registado um maior índice de colheita do trigo com o tratamento resíduo de cultura @ 5t/ha + consórcios @ 5kg/ha (R4).

6. O estudo da humidade revelou que a aplicação de resíduos de culturas @ 5t/ha + consórcios @ 5kg/ha, ou seja, R4, registou um teor de humidade mais elevado (em %) do que os restantes tratamentos.

7. O valor médio máximo da densidade aparente foi registado mais alto no controlo, ou seja, R5, e mais baixo na aplicação de resíduos de culturas @ 5t/ha + consórcios @ 5kg/ha, ou seja, R4.

8. A avaliação económica mostrou que a aplicação de resíduos de culturas @ 5t/ha + consórcios @ 5kg/ha (R4) ao trigo registou maiores retornos monetários brutos, retornos monetários líquidos e rácio B:C no trigo, seguido de resíduos de culturas @ 5t/ha (R2), resíduos de culturas @ 2,5t/ha+ consórcios @ 5kg/ha (R3), resíduos de culturas @ 2,5t/ha (R1) e o menor foi registado no tratamento de controlo (R5).

6.1.3 Efeito das interações

O efeito de interação entre as práticas de lavoura e de gestão de resíduos de culturas foi considerado não significativo no que diz respeito a vários parâmetros de crescimento, rendimento, caracteres de atribuição de rendimento, GMR e NMR.

6.2 Conclusão

Com base na experiência de campo, o desempenho do trigo em diferentes práticas de lavoura e de gestão dos resíduos de culturas revelou que,

Entre as práticas de lavoura, a prática de lavoura reduzida registou significativamente mais crescimento, rendimento e cartas de atribuição de rendimento do que a lavoura zero e a lavoura convectiva.

Da mesma forma, entre os diferentes tratamentos de gestão de resíduos de culturas, o resíduo de culturas @ 5t/ha + consórcios @ 5kg/ha foi encontrado efeito significativo do que outros tratamentos de resíduos de culturas.

Entre as práticas de lavoura, a maior GMR (42501.64), NMR (21839.44) e B:C (2.05) foi registada pela prática de lavoura reduzida seguida pela lavoura zero e lavoura convectiva.

Entre os diferentes tratamentos de gestão de resíduos de culturas, foi registada uma maior GMR (44350,91), NMR (21927,05) e B: C (1,99) no tratamento com resíduos de culturas @ 5t/ha + consórcios @ 5kg/ha.

As observações e conclusões do presente estudo são tiradas com base numa única estação de experimentação. Por conseguinte, é necessário efetuar mais experiências para confirmar os resultados.

LITERATURA CITADA

Adimassu, Z., Alemu, G. e Tamene, L. (2019). Efeitos da lavoura e do manejo de resíduos de culturas no escoamento, perda de solo e rendimento das culturas nas terras altas úmidas da Etiópia. *Sistemas Agrícolas*, *168*, 11-18.

Ahngar, T. A., Rashid, Z., Bhat, R. A., Raja, W., Iqbal, S., Mir, M. S. e Jan, S. (2020). Papel da agricultura de conservação para manter a qualidade do solo e melhorar a produtividade das culturas - uma revisão. *Current Journal of Applied Science and Technology*, 44-54.

Al-Issa, T. A. e Samarah, N. H. (2006). Práticas de mobilização do solo na produção de trigo em condições de sequeiro na Jordânia: uma comparação económica. *Revista Mundial de Ciências Agrícolas*, *2*(3), 322-325.

Anónimo. 2014. Estatísticas agrícolas em resumo.

Bartaula, S., Panthi, U., Adhikari, A., Mahato, M., Joshi, D. e Aryal, K. (2020). Efeito de diferentes práticas de lavoura e nível de nitrogênio na produção de trigo no interior do terai do Nepal. *Jornal de Agricultura e Recursos Naturais*, *3*(1), 233-239.

Bhadu, K., Choudhary, R., Poonia, T., Patidar, P., Choudhary, K. M. e Kakraliya, S. K. (2018). Um artigo de revisão sobre o conceito, benefícios e restrições da agricultura de conservação na Índia. *Revista Internacional de Estudos Químicos 2018; 6(4)*: 36-40.

Blackman V.H. (1919). A lei dos juros compostos e o crescimento das plantas. Ann. Bot. 33: 353-360.

Breiman A. e Graur D. (1995). Avaliação do trigo. *Israel Journal of Plant Sciences 43:58-95.*

Chidda Singh (1989). Modern techniques of raising field crops. Oxford e IBH publication Co. pvt. Ltd. New Delhi.

Chitale, S., Pandey, N.e Urkurkar, J. S. (2007). Effect of planting method, tillage and weed management on productivity and physico-chemical properties of rice (Oryza sativa)-wheat (Triticum aestivum) cropping system. *Indian Journal of Agronomy*, *52*(4), 283-288.

Das, A., Ghosh, P. K., Verma, M. R., Munda, G. C., Ngachan, S. V.e Mandal, D. (2015). Efeito da lavoura e da cobertura morta de resíduos na produtividade do sistema de cultivo de milho (Zea mays) -Toria (Brassica campestris) no ecossistema frágil do nordeste dos Himalaias indianos. *Agricultura experimental*, *51*(1), 107.

Dhar, D., Datta, A., Basak, N., Paul, N., Badole, S. e Thomas, T. (2014). Efeito residual dos resíduos da cultura no crescimento, atributos de rendimento e propriedades do solo do trigo no sistema de cultivo arroz-trigo. *Jornal Indiano de Investigação Agrícola*, *48*(5), 373-378.

Din, S. U., Ramzan, M., Khan, R., Rahman, M. U., Haroon, M., Khan, T. A .e Samad, A. (2013). Impacto das práticas de lavoura e cobertura morta na biomassa de ervas daninhas e componentes de rendimento do milho em condições de sequeiro. *Jornal paquistanês de pesquisa científica de ervas daninhas,* 19(2):201-208

FAO: sítio Web sobre a agricultura de conservação (2006).

Fuentes, M., Govaerts, B., De Leon, F., Hidalgo, C., Dendooven, L., Sayre, K. D. e Etchevers, J. (2009). Catorze anos de aplicação de sistemas de lavoura zero e convencional, rotação de culturas e gestão de resíduos e seu efeito na qualidade física e química do solo. *Jornal Europeu de Agronomia*, *30*(3), 228-237.

Gangwar, K., Singh, K. e Sharma, S. (2004). Effect of tillage on growth, yield and nutrient uptake in wheat after rice in the Indo-Gangetic Plains of India. *The Journal of Agricultural Science, 142*(4), 453-459.

Ghosh, B. N., Dogra, P., Sharma, N. K., Bhattacharyya, R. e Mishra, P. K. (2015). Impacto da agricultura de conservação para a conservação do solo no sistema de cultivo de milho-trigo no sub-Himalayas indiano. *Pesquisa Internacional sobre Conservação do Solo e da Água*, *3*(2), 112-118.

Ghosh, P. K., Das, A., Saha, R., Kharkrang, E., Tripathi, A. K., Munda, G. C. e Ngachan, S. V. (2010). Conservation agriculture towards achieving food security in North East India (Agricultura de conservação para alcançar a segurança alimentar no Nordeste da Índia). *Current Science*, 915-921.

Hemmat, A. e Eskandari, I. (2006). Resposta do trigo de inverno de sequeiro à lavoura de conservação num sistema de cultivo contínuo no noroeste do Irão. *Soil and tillage research*, *86*(1), 99-109.

Hobbs, P. R. (2007). Conservation agriculture: what is it and why is it important for future sustainable food production? *Journal of Agricultural Science Cambridge*, *145*(2), 127.

Hu, Z., Zhong, L. Y, Chen, Y.Z. e Guo, L. B. (2007). Influência da Lavoura de Conservação nas Caraterísticas dos Agregados do Solo na Planície do Norte da China. Ciências Agrícolas na China 6(9):1099-1106.

Jackson, M. L. (1958). Soil chemical analysis prentice Hall. *Inc., Englewood Cliffs, NJ*, *498*, 183-204.

Jat, N. K., Kumar, A. e Dhar, S. (2010). Influência do adubo verde de Sesbania com ou sem resíduos de trigo e fertilização com N no sistema de cultivo de milho (Zea mays) - trigo (Triticum aestivum). *Jornal Indiano de Agronomia*, *55*(4), 253-258.

Karunakaran, V. e Behera, U. K. (2013). Efeito da lavoura, gestão de resíduos e técnicas de estabelecimento de culturas na energia, eficiência do uso da água e economia no sistema de cultivo de soja (Glycine max) - trigo (Triticum aestivum). *Jornal Indiano de Agronomia*, *58*(1), 42-47.

Kebede, K. e Bekelle, E. (2008). Efeito da lavoura no armazenamento de humidade no solo e no rendimento do trigo nos vertisols das terras altas do centro-norte da Etiópia. *Ethiopian Journal of Environmental Studies and Management*, *1* (2), 49-55.

Khalid, U., Ahmad, K. E., Niamatullah, K., Abdur, R., Fazal, Y. e Saleem, U. D. (2014). Resposta do trigo à lavoura mais resíduo de arroz e manejo de nitrogênio no sistema arroz-trigo. *Jornal de Agricultura Integrativa*, *13*(11), 2389-2398.

Kahlon MS (2014). Caraterísticas físicas do solo e produtividade das culturas afetadas pela lavoura no sistema arroz-trigo. *O Jornal de Ciências Agrárias,* Vol. 6, No. 12.

Khan, H. Z., Shabir, M. A., Akbar, N., Iqbal, A., Shahid, M., Shakoor, A. e Sohail, M. (2017). Efeito de diferentes técnicas de lavoura na produtividade do trigo (Triticum aestivum L.). *J Agric Basic Sci*, *2*(1), 44-49.

Khankhane, P. J., Barman, K. K. e Varshney, J. G. (2009). Effect of rice residue management practices on weed density, wheat productivity and soil fertility in a swell-shrink soil. *Indian Journal of Weed Science*, *41* (1&2), 41-45.

Khatri, N. A. R. A. Y. A. N., Dahal, K. R., Amgain, L. P. e Karki, T. B. (2014). Produtividade e avaliação económica do cultivo intercalar de milho e soja sob vários níveis de lavoura e resíduos em Chitwan, Nepal. *Revista Mundial de Investigação Agrícola*, *2*, 6-12.

Khurshid, K. A. S. H. I. F., Iqbal, M., Arif, M. S. e Nawaz, A. (2006). Efeito da lavoura e da cobertura vegetal nas propriedades físicas do solo e no crescimento do milho. *Revista Internacional de Agricultura e Biologia*, *8*(5), 593596.

Kumar, B., Prasad, S., Mandal, D. e Kumar, R. (2017). Influência das práticas integradas de gestão de ervas daninhas na dinâmica das ervas daninhas, produtividade e absorção de nutrientes do milho rabi (Zea mays L.). *Revista Internacional de Microbiologia Atual e Ciências Aplicadas*, *6*(4), 1431-1440.

Kumar, P. (2016). Effect of different resource conservation practices on growth, yield and productivity of different cropping systems (Doctoral dissertation, Sher-e- Kashmir University of Agricultural Sciences and Technology of Jammu).

Kumar, R. e Singh, U. P. (2018). Desempenho do trigo de plantio direto (Triticum aestivum L.) com técnicas de manejo de resíduos e ervas daninhas no sistema de cultivo de arroz-trigo. *Agricultural Science Digest-A Research Journal*, *38* (2), 113-117.

Kumar, A., Behera, U. K., Dhar, S., Shukla, L., Bhatiya, A., Meena, M. C. e Singh, R. K. (2018). Efeito da lavoura, resíduos de culturas e práticas de gestão de fósforo na produtividade e rentabilidade do cultivo de milho (Zea mays) em Inceptisols. *Jornal Indiano de Ciências Agrícolas*, *88*(10), 1558-1567.

Kumar, R. e Yadav, D. S. (2005). Efeito da lavoura zero e mínima em conjunto com a gestão do azoto no trigo (Triticum aestivum) após o arroz (Oryza sativa). *Jornal Indiano de Agronomia*, *50*(1), 54-57.

Kumar, V., Sharma, D. N. e Sardana, P. K. (2002). Avaliação técnico-económica da técnica de sementeira em camas na cultura do trigo. *Journal of Agricultural Engineering, 39*(2), 32-43.

Mandal, K. G., Misra, A. K., Hati, K. M., Bandyopadhyay, K. K., Ghosh, P. K., e Mohanty, M. (2004). Opções de gestão de resíduos de arroz e efeitos nas propriedades do solo e na produtividade das culturas. *Journal of Food Agriculture and Environment, 2*, 224-231.

Meena, B. L. e Singh, R. K. (2013). Resposta do trigo (Triticum aestivum) ao resíduo de arroz (Oryza sativa) e práticas de gestão de ervas daninhas. *Indian Journal of Agronomy, 58*(4), 521-524.

Mishra, J. S. e Singh, V. P. (2009). Dinâmica de ervas daninhas e produtividade de sistemas de cultivo baseados em soja (Glycine max) influenciados pela lavoura e manejo de ervas daninhas. *Indian Journal of Agronomy, 54*(1), 29-35.

Mishra, J. S. e Singh, V. P. (2012). Efeito da sequência de lavoura e da gestão de ervas daninhas na dinâmica das ervas daninhas e na produtividade do sistema de arroz (Oryza sativa) - trigo (Triticum aestivum) com semente seca. *Jornal Indiano de Agronomia, 57* (1), 14-19.

Mohammad, W., Shah, S. M., Shehzadi, S. e Shah, S. A. (2012). Efeito da lavoura, rotação e resíduos de culturas na produtividade da cultura do trigo, nitrogênio fertilizante e eficiência do uso da água e status do carbono orgânico do solo em área seca (sequeiro) do noroeste do Paquistão. *Jornal de ciência do solo e nutrição vegetal, 12*(4), 715-727.

Negi, S. C., Rana, S. S. e Subehia, S. K. (2016). Efeito da lavoura, rotações de culturas, gestão de resíduos e fertilizantes na produtividade, rentabilidade e eficiência de uso de recursos de sistemas de cultivo baseados em milho (Zea mays L.) no noroeste do Himalaia. *Investigação sobre culturas, 17*(1), 35-40.

Olsen, S.R., Cole, G.V., Watenable, F.S. e Dean, L.A. (1954). Estimativa do fósforo disponível no solo por extração com bicarbonato de sódio. *U.S.D.A. Cir.* 939(19).

Ozpinar, S. (2004). Influência dos sistemas de lavoura na produtividade e economia do trigo em solos argilosos nas condições de sequeiro do Mediterrâneo. *Journal of Agronomy, 3* (2), 81-87.

Panse, V. G. e Sukhatme, P.V. (1967). Statistical methods for Agricultural Workers. ICAR, Nova Deli.

Piper, C. S. 1966. Soil and plant analysis. Hans Pub, Bombaim, 19-136

Prabhamani, P. e Babalad, H. (2018) Efeito da lavoura de conservação e das práticas de gestão de nutrientes na produtividade do sistema e na economia de diferentes culturas em condições de sequeiro de Karnataka. *J. Farm Sci.,* 31(3): 284-288.

Pradhan, P. R., Pandey, R. N., Behera, U. K., Swarup, A., Datta, S. C. e Dwivedi, B. S.

(2011). Práticas de lavoura e gestão de resíduos de culturas na produtividade das culturas, absorção de fósforo e formas em sistemas de cultivo baseados em trigo (Triticum aestivum). *Jornal Indiano de Ciências Agrícolas*, *81* (12), 1168.

Pradhan, P., Verma, A. e Kumar, V. (2018). Necessidade de agricultura de conservação na Índia: Sustainability. *Revista Internacional de Microbilogia Atual*, *7*(1), 308-314.

Rajkhowa, D. J. e Borah, D. (2008). Efeito da gestão da palha de arroz (Oryza sativa) no crescimento e rendimento do trigo (Triticum aestivum). *Indian Journal of Agronomy*, *53*(2), 112-115.

Ram, H., Kler, D. S., Singh, Y. e Kumar, K. (2010). Productivity of maize (Zea mays)-wheat (Triticum aestivum) system under different tillage and crop establishment practices. *Indian Journal of Agronomy*, *55*(3), 185190.

Ronanki, S., Behera, U. K., Shiva, Y. S., Pandey, R. N., Kumar, S. N. e Pandey, R. (2018). Efeito das práticas agrícolas de conservação e manejo de nitrogênio no crescimento, índices fisiológicos, rendimento e absorção de nutrientes da soja (Glycine max). *Jornal Indiano de Agronomia*, *63* (1), 82-86.

Richards, F. J. (1969). A análise quantitativa do crescimento. In: *Plant physiology: A Treatise* (Ed. por F. C. Steward), pp. 3-76. Academic Press, Nova Iorque e Londres.

Saravanan, M. e Jeyaraman, S. (2015). Eficácia das práticas de lavoura com irrigação por gotejamento suplementar em milho híbrido de terra seca. *Jornal Agrícola de Madras*, 102.

Saad, A. A., Das, T. K., Rana, D. S. e Sharma, A. R. (2015). Produtividade, eficiência no uso de recursos e economia do sistema de cultivo de milho (Zea mays) - trigo (Triticum aestivum) - grama verde (Vigna radiata) sob agricultura de conservação em planícies indo-gangéticas irrigadas do noroeste. *Indian Journal of Agronomy*, *60*(4), 502-510.

Snedecor, G. W. e Cochran, W. G. (1967). *Statistical Methods* (6ª ed.) Iowa State Univ. Press, Ames.

Sepat, S. e Rana, D. S. (2013). Efeito do plantio direto duplo e dos canteiros permanentes na produtividade e rentabilidade do milho (Zea Mays L.) - trigo (Triticum Aestivum (L.) Emend. Flori & Paol) Sistema de cultivo nas planícies indo-gangéticas da Índia *International Journal of Agriculture and Food Science Technology*, *4*, 787-790.

Sepat, S., Behera, U. K., Sharma, A. R., Das, T. K. e Bhattacharyya, R. (2014). Produtividade, carbono orgânico e fertilidade residual do solo do sistema de cultivo de trigo-pomba sob diferentes lavouras e manejo de resíduos. *Actas da Academia Nacional das Ciências, Índia Secção B: Ciências Biológicas*, *84*(3), 561-571.

Sharma, A. R., Singh, R., Dhyani, S. K. e Dube, R. K. (2010). Efeitos da mobilização e da cobertura vegetal de leguminosas na conservação da humidade e na produtividade do sistema de cultivo de milho de sequeiro (Zea mays)-trigo (Triticum aestivum). *Indian Journal of Agronomy*, *55*(4), 245-252.

Sharma, M. P., Bali, S. Y. e Gupta, D. K. (2000). Rendimento das culturas e propriedades do inceptisol influenciadas pela gestão dos resíduos na sequência de culturas arroz-trigo. *Journal of the Indian Society of Soil Science*, *48*(3), 506-509.

Sharma, P., Abrol, V. e Sharma, R. K. (2011). Impacto da gestão da lavoura e da cobertura vegetal na economia, necessidade de energia e desempenho das culturas na rotação milho-trigo em inceptisol sub-húmido de sequeiro, Índia. *Jornal Europeu de Agronomia*, *34*(1), 46-51.

Shivnath, D. (2016). Estudos sobre lavoura e manejo de nutrientes para aumentar a produtividade e a lucratividade do trigo (Triticum aestivum L.). *Revista Internacional de Ciências Agrárias, ISSN*, 0975-3710.

Singh, R. e Yadav, D. S. (2006). Effect of rice (Oryza sativa) residue and nitrogen on performance of wheat (Triticum aestivum) under rice-wheat cropping system. *Indian Journal of Agronomy*, *51* (4), 247-250.

Singh, V., Ram, S., Bhatnagar, A. e Savita, U. S. (2011). Efeito dos métodos de lavoura nas propriedades do solo e na produtividade do sistema de proteína de qualidade milho (Zea mays)-trigo (Triticum aestivum). *Jornal Indiano de Agronomia*, *56*(2), 83-87.

Singh, V., Srivastava, A., Singh, R. K. e Savita, U. S. (2011). Efeito das práticas de lavoura e gestão de resíduos na qualidade do solo e no rendimento das culturas sob o sistema de cultivo à base de milho (Zea mays) em Mollisol. *Jornal Indiano de Ciências Agrícolas*, *81* (11), 1019.

Singh, Y. P., Singh, D., Tomar, S. S. e Gupta, R. K. (2013). Efeito do tempo de pré-irrigação e das práticas de lavoura no trigo (Triticum aestivum) sob a sequência de cultivo de feijão-de-pombo (Cajanus cajan) - trigo. *Jornal Indiano de Ciências Agrícolas*, *83*(12), 1317-1321.

Singh, Y. P., Singh, S., Nanda, P. e Singh, A. K. (2018). Impacto das técnicas de estabelecimento e duração da maturidade das cultivares de ervilha-de-angola no rendimento, produtividade da água e propriedades do solo. *Investigação Agrícola*, *7*(3), 271-279.

Singh, Y. P., Singh, S., Singh, A. K. e Panwar, B. (2020). Influência das técnicas de estabelecimento do trigo e das culturas anteriores da estação Kharif na produtividade, rentabilidade, eficiência do uso da água, índices de energia e propriedades do solo na Índia Central. *Agricultural Research*, *9*(2), 203-212.

Stanzen, L., Kumar, A., Puniya, R., Sharma, N., Mahajan, A. e Sharma, A. (2017). Lavoura e manejo de ervas daninhas no rendimento e absorção de nutrientes do trigo sob o sistema de cultivo de milho-trigo no Himalaia Ocidental. *Indian Journal of Weed Science*, *49*(1), 20-22.

Subbaih, B. V. e Asija, G.L. 1956. Procedimento rápido para a estimativa do azoto disponível no solo. *Current Sci.* 125: 259-260.

Su, Z.Y., J. S. Zhang, W. L. Wu, D. X. Cai, J. J. Lv, G. H. Jiang, J. Huang, J. Gao, R. Hartmann, e D. Gabriels (2007). Efeito das práticas de lavoura de conservação na eficiência do uso da água do trigo de inverno e no rendimento da cultura no Loess Planteau, China. Agricultural Water Management, 87(3): 307314.

Tripathi, R. S., Raju, R. e Thimmappa, K. (2013). Impacto da lavoura zero na economia da produção de trigo em Haryana.

Veihmeyer, F. J., e Hendrickson, A. (1948). Soil density and root penetration (Densidade do solo e penetração das raízes). *Ciência do solo, 65* (6), pp.487-494.

Wang X. B, Dian-xiong C, Ke J, Wu Hui-jun, Zhan-guo B, Can-junz Z, Yu-qing Y Jun jie LU, Yu-hon W, Hartmann Bo Y e D Gabriels (2003). Disponibilidade de água para o trigo de inverno afetada pelas práticas de lavoura de pousio de verão em terras secas de encosta. Agric sci China Vol 2 No 7 773-778.

Watson, D.J. (1952). The physiological basis of variation in yield. Avd. Agron., 4: 101-145.

Yeboah, S., Lamptey, S., Zhang, R. e Li, L. (2017). As práticas de lavoura de conservação otimizam a distribuição das raízes e o rendimento da palha do trigo de primavera e da ervilha de campo em áreas secas. *J. Agric. Sci*, *9*(6), 37-47.

MIX
Papier aus verantwortungsvollen Quellen
Paper from responsible sources
FSC® C105338
FSC
www.fsc.org

Printed by Books on Demand GmbH, Norderstedt / Germany